Theories and Methods of
Farmland Cleaner Production Technology Assessment

农田 清洁生产技术评估的 理论与方法

■ 周 颖 著

中国农业科学技术出版社

图书在版编目（CIP）数据

农田清洁生产技术评估的理论与方法／周颖著．—北京：中国农业科学技术出版社，2017.11

ISBN 978-7-5116-3406-1

Ⅰ．①农… Ⅱ．①周… Ⅲ．①农业生产–无污染技术 Ⅳ．①S-01

中国版本图书馆 CIP 数据核字（2017）第 298594 号

| 责任编辑 | 王更新 |
| 责任校对 | 贾海霞 |

出 版 者	中国农业科学技术出版社
	北京市中关村南大街 12 号　邮编：100081
电　　话	（010）82106639（编辑室）　　（010）82109702（发行部）
	（010）82109709（读者服务部）
传　　真	（010）82106639
网　　址	http：//www.castp.cn
经 销 者	各地新华书店
印 刷 者	北京建宏印刷有限公司
开　　本	710mm×1 000mm　1/16
印　　张	12.5
字　　数	218 千字
版　　次	2017 年 11 月第 1 版　2017 年 11 月第 1 次印刷
定　　价	68.00 元

◄◄◄◄ 版权所有·翻印必究 ►►►►

前　　言

　　农业清洁生产技术是农业产业生态化发展的核心技术支撑，也是工业化中期协调产业发展与资源环境压力、加强农业可持续能力建设的技术选择。尽管国家不断强化制度保障，创造农业清洁生产的外部制度条件，但是因法律法规不健全、政策的影响力不强，导致技术的推广瓶颈问题依然存在。如何协助决策部门对政策难题进行有效的回应和处理，消除技术应用给目标群体带来的负影响，提高政策的说服力和影响力是学术界研究的热点问题。

　　本研究针对目前国内技术应用的价值评估相对薄弱、为政府决策提供技术支持力度不强的问题，以技术评估决策咨询服务为切入点，在探明技术评估与技术补偿内在逻辑关系的基础上，建立以"技术应用补偿意愿评估—清洁生产技术效率评估—生态系统功能价值评估"为框架的技术评估方法体系；运用意愿价值评估方法，选择贵州省黔东南自治州、云南省大理州、河北省保定市 3 个案例，开展区域典型农田清洁生产技术评估实证研究，科学计量并确定技术应用价值标准。本研究进一步深化实证研究结果，初步设计《河北省 2016—2017 年关于玉米秸秆机械化粉碎还田的补贴实施指导意见》，为地方秸秆粉碎还田技术补贴制度建立提供创新思路和参考范例。本书主要内容如下。

　　第一章为绪论，概括阐述研究的背景、意义和目的、宏观设计研究内容及技术路线、整体描述研究的概貌。第二章归纳农业清洁生产技术的理论基础、体系框架和技术类型，全面了解农业清洁生产技术演进过程、基本特征、内涵与外延。第三章定性分析技术评估与技术补偿的内涵和特征，探明两者在政治意涵、辩证关系及逻辑关系等方面的一致性和关联性，明确由技术补偿机制研究替代技术价值评估研究的合理性。第四章评述农业生态补偿的理论基础和补偿标准确定的机理，总结环境物品非市场价值评估方法的原理和特征，梳理意愿价值评估法应用于农业领域的研究进展。第五章厘清技术应用价值评估方法体系的思路框架，初步构建以技术应用补偿意愿评估为核心，以技术成本效益评价为基础，以生态系统服务功能价值评估为参考的体系架构。第六章以贵州省黔东南自治州的麻江、镇远、从江县及云南省大理州洱源县为研究区域，以施用作物专用肥、秸秆堆肥还田和修建化粪池等3项技术为研究对象，分别基于74份（贵州省）和149份（云南省）有效调查问卷数据，运用描述性统计方法估计上述3项农田清洁生产技术应用的补偿标准。第七章以河北省徐水区为研究区域，以秸秆机械化粉碎还田技术为研究对象，基于大容量样本数据和意愿价值评估方法，探明农户技术应用补偿支付意愿影响因素，估价补偿标准的阈值及拟合值。第八章从进一步加强及完善技术补偿政策的运行机制、监督机制、投资机制和激励机制等4个方面，提出我国现阶段推进农业清洁生产技术应用的对策建议。第九章以玉米秸秆机械化粉碎还田技术补贴政策设计为例，编制《河北省2016—2017年关于玉米秸秆机械化粉碎还田补贴实施指导意见》。第十章归纳本研究的主要创新点，总结研究成果，并开展研究讨论。

本书的创新点如下：一是提出用技术补偿的补偿标准评价过程替代技术评估的价值判断过程的研究思路，并进行实证印证；二是初步建立了以"农户补偿意愿评估—农田功能价值评估—技术应用效率评估"为框架的技术应用价值评估方法体系；三是定量分析不同区域典型农田清洁生产技术补偿意愿的影响机理，确定技术应用补偿标准的阈值和估计值。本书取得的主要研究结论如下。

1. 厘清了技术评估与技术补偿的辩证逻辑关系，奠定技术评估方法论基础。两者在辩证逻辑和形式逻辑认识层面上，具有高度的一致性；在学术层面上，其实质都是应用社会科学研究方法，对技术应用价值进行定性及定量分析、评价和判断。

2. 构建了农田清洁生产技术价值评估方法体系，明确核算方法和计算步骤。技术应用价值评估体系包括3个部分，即技术应用补偿意愿评估体系、技术应用效率评估体系、农田生态系统价值评估体系。技术评估主要包括5个步骤：明确外部性类型、核算生产成本、建立模拟模型、估计参数结果及形成建议报告。

3. 初步测算了西南少数民族区基于农户意愿的3种清洁生产技术补偿标准。（1）贵州省黔东南自治州水稻专用肥的补贴标准为74.2元/亩，玉米专用肥为77元/亩，油菜专用肥为75.2元/亩；水稻秸秆还田的补贴标准为57.9元/亩，玉米秸秆还田为58.8元/亩；修建化粪池的补贴标准为458.2元/个。（2）云南省大理州水稻专用肥补贴标准为47.1元/亩，玉米专用肥的补贴标准为54.5元/亩，两者平均值为50.8元/亩；玉米秸秆堆肥还田补贴标准为 57.5 元/亩，大蒜秸秆还田的补贴标准为 68.7 元/亩；修建化粪池方面，农户希望每个家用小型化粪池的补贴标准为 384.8 元/个。

4. 定量提出华北地区秸秆粉碎还田技术补偿意愿决定因素，并对影响强度进行排序。按其系数估计值由大到小排序为：信息来源（0.8255）、秸秆还田政策（0.7912）、劳动时间（0.2061）、灌溉成本（0.0273）、农药成本（0.0224）、机械成本（0.0148）、农业纯收入（0.0000741）。生产信息来源、废弃物处理政策、作物灌溉成本及种植业纯收入四个因子是影响保护性耕作技术应用意愿的关键动力因子。

5. 确定了秸秆粉碎还田补偿标准阈值和估计值，为补贴政策提供科学依据。根据农户技术应用意愿水平的计量经济模型分析得出：北方旱作区机械化秸秆粉碎还田技术应用的补偿标准阈值为 928.43 ~ 1 702.95 元/公顷（61.90 ~ 113.53 元/亩），估计值为 1 315.69 元/公顷（87.71 元/亩），此标准可作为制定秸秆粉碎还田技术补贴政策的理论依据。

本研究初步构建了农田清洁生产技术价值评估的方法体系，并开展了基于意愿价值评估方法的实证研究。未来将在科学的哲学方法论指导下，运用数学方法和计量经济模型工具，建立多方法、多视角相结合的农田清洁生产技术应用价值评价方法体系，形成科学的农业技术评估方法论。在不同区域选择研究试点，继续探索意愿价值评估法应用于农业技术补偿的有效性、可靠性改善途径，开展不同技术模式下农户行为意愿响应机制与补偿政策机制实证研究，为使用政策手段有效约束（引导）农户生产行为，提供可借鉴的方法思路和决策建议。

目　　录

表目录

图目录

1 绪 论

1.1 研究背景

1.1.1 农业现代化发展迫切要求推进农业清洁生产

当前，我国经济发展进入新常态，如何在新时期强化农业的基础地位，加快推进中国特色农业现代化进程；如何在资源环境硬约束下保障农产品有效供给和质量安全、提升农业可持续发展能力，是必须应对的重大挑战。农业依赖于自然资源禀赋特征决定了，只有保护产地环境的安全才能守住农业发展的生命线。然而，我国现阶段耕地土壤污染严重、水资源短缺及水体富营养化问题十分突出，不洁净的生态环境已成为农业可持续发展的重要障碍。据报道，海河流域地表水的开发利用率已达 90% 以上，远远超过国际公认 30% 的合理开发程度。河北省因过量大面积抽取地下水，造成地下水漏斗与地面沉降。京津冀地区因农药和化肥不合理施用、畜禽粪便排放、农田废弃物处置等，造成农业生态系统中水体—土壤—生物—大气的立体交叉污染。我国的河流、河段已有近四分之一因污染不能满足灌溉用水的应用要求；全国湖泊约有 75% 的水域受到显著富营养化污染；我国 10% 的城市地下水水质日趋恶化。特别是现代农业生产中辅助能源的投入对于农业源污染贡献率持续升高。因此，如何在"双重挤压"下加快农业发展方式的转变，提升农业科技支撑服务能力，创新农业支持保护政策，提高农业国际竞争力，成为学术界亟待破解的课题。

农业产业特征决定了其发展与生态环境紧密相连，要保护资源环境实现农业可持续发展，必须改变现有的农业生产方式，寻求农业经济增长新路径。清洁生产是一种对污染实施"全程控制"（贾继文等，2006）的新型生产管理方法或生产模式，强调从生产源头到生产过程和生产末端进行综合防治，要求合理安排农业生产结构，逐步减少、不用或尽可能少用化石辅助能源，实现农业废弃物资源化利用和自然资源高效循环利用。发达国家运用农业清洁生产理念，实践可持续农业、有机农业等多种农业模式，建立了开发与利用有机结合的农业资源与生态保护体系（徐晓霞，2006；朱立志，2004；余瑞先，2000）。我国自从1992年5月首次推出《中国清洁生产行动计划（草案）》，2002年颁布《清洁生产促进法》，通过相关政策的制定推动农业清洁生产发展；到2011年农业部出台《关于加快推进农业清洁生产的意见》，国家下大力气持续推广农业清洁生产技术，农业清洁生产技术成为防治农业面源污染及保障农产品质量安全的有效手段，以及实现资源永续利用的现实需求。

1.1.2 农业清洁生产技术的应用亟须加强政策扶持

1.1.2.1 国外农业清洁生产补偿政策模式

20世纪中期以来，各国在尝试可持续农业和有机农业生产实践中，推行以鼓励和引导农民环境友好型生产行为为目标的补偿政策，并得到公众的支持与认可。发达国家在长期的制度建设和实践中，以规范的运作过程、严格的管理体制及良好的实施效果，实现农业生态资源价值良性运转和公众环保意识的提高，并形成三种典型的政策模式。

（1）美国以环保计划项目为带动的市场机制与政策调控结合型模式。其中影响比较大的包括：土地休耕保护计划（CRP）、环境质量激励计划（EQIP）、保护支持计划（CSP）（Wallander et al.，2011）。如美国农业部支持力度最大的EQIP项目，其运作模式是由农民提出项目申请，自己制订实施计划，提出期望得到的支付水平，即受偿意愿；农业部基于改善生态环境的优先目标拨付资金，对每位农户实行不同补偿标准。1997年实施EQIP计划以来，改良土地面积超过5 100万 hm^2，牧区面源污染问题得到缓解（邢祥娟等，2008；朱芬萌，2004；汪洁等，2011）。

（2）欧盟以共同农业政策为引导的生态补偿与环境保护挂钩型模式。欧盟的共同农业政策为满足现代农业发展的新要求，考虑环境保护和食品安全等因素，将农业补贴与环境保护完全挂钩，形成以环境保护为核心的农业补贴政策体系（尹显萍等，2004）。如德国对于农民经营生态型农场维持补贴，每年每公顷蔬菜为300欧元，多年生农作物生产为770欧元（邢可霞等，2007）。

（3）日本以环境保全型农业为特色的政府主导与公众配合互补型模式。日本环保农业扶持政策的运作机制与内容：拓展农业补贴政策领域及范围

（李应春等，2006），加大对专业农户和农业大户的重点支持；完善环境保全型农业认证体系（焦必方等，2009），从补贴、贷款、税收等方面给予生态农户大力支持；三是建立公众配合参与的环境管理机制（余晓泓，2002），公众的反映和舆论不仅形成全社会保护环境的良好风尚，也成为纠正和规避政策失灵问题的"晴雨表"。

1.1.2.2 我国农业清洁生产的政策历程及实践

（1）发展历程回顾。我国 20 世纪 80 年代开始清洁生产萌芽，1992 年 5 月首次推出《中国清洁生产行动计划（草案）》，其相关研究主要涉及工商领域。2002 年 6 月 29 日《中华人民共和国清洁生产促进法》（简称《清洁生产促进法》）的颁布使我国清洁生产工作有了法律依据，《清洁生产促进法》首次对农业清洁生产做了基本规定，农业生产者应当科学地使用化肥、农药、农用薄膜和饲料添加剂，改进种植和养殖技术，实现农产品的优质、无害和农业生产废物的资源化，防止农业环境污染。2005 年发出的《国务院关于做好建设节约型社会近期重点工作的通知》中明确指出加强资源综合利用，农业方面主要是推广机械化秸秆还田技术以及秸秆气化、固化成型、发电、养畜技术；研究提出农户秸秆综合利用补偿政策，开展秸秆和粪便还田的农田保育示范工程。2008 年 8 月 29 日颁布《中华人民共和国循环经济促进法》中提出，国家鼓励和支持农业生产者和相关企业采用先进或者适用技术，对农作物秸秆、畜禽粪便、农产品加工业副产品、废农用薄膜等进行综合利用，开发利用沼气等生物质能源（全国人民代表大会常务委员会，2008）。

农业清洁生产已经成为新时期我国重要的农业发展战略。从 2012 年起，国家发展改革委、财政部、农业部共同组织开展了蔬菜废弃物利用、生猪养殖、农用地膜回收利用等农业清洁生产示范项目建设，先后批复新疆、甘肃、山东、河北、河南、湖南、广西壮族自治区（以下简称广西）、四川、吉林、辽宁、黑龙江、内蒙古自治区（以下简称内蒙古）、陕西 13 个省（自治区）及新疆建设兵团的 273 个项目，并利用财政专项资金予以支持（国家发展改革委办公厅等，2016）。补贴的实施对于调动农民的生产积极性，改变传统农业经济增长方式，提高农业综合生产力水平，推动农业清洁生产发展起到了重要的作用。系统梳理 20 年来我国在促进农业及农产品清洁生产方面所制定的法律法规、政策措施及行动计划概要，见表 1-1。

表 1-1 我国农业清洁生产相关政策文件及法规计划汇总表

时间	机构/组织	法律法规/政策措施/行动计划（内容及特点）
1990—1993 年	农业部/农垦系统产品质量监测机构	建立绿色食品产品质量监测系统；制订一系列技术标准；制订并颁布《绿色食品标志管理办法》等有关管理规定。
1994—1996 年	全国范围内大面积推进发展	全国推进绿色农产品发展行动呈现几个特点：一是扩大种植面积；二是调整产品结构；三是全国许多县（市）组织绿色食品开发和建立绿色食品生产基地。
1996 年 11 月	中国绿色食品发展中心	中国绿色食品发展中心 1996 年 11 月 7 日经国家工商局商标局核准注册的我国的第一例绿色食品标志。
2001 年 4 月	农业部	农业部提出并组织实施"无公害食品行动计划"。这项工作从产地和市场两个环节入手，通过对农产品实行"从农田到餐桌"全过程质量安全控制。
2001 年 10 月	国家质量监督检验检疫总局	国家质量监督检验检疫总局批准发布了 8 项关系到农产品安全质量的国家标准，于 2001 年 10 月 1 日实施。分别包括蔬菜、水果、畜禽肉、水产品 4 类农产品，每一类农产品都有"安全要求"和"产地环境要求"两个标准。
2002 年 4 月	农业部 国家质量监督检验检疫总局	由农业部、国家质量监督检验检疫总局和国家认证认可监督管理委员会联合发布并实施《无公害农产品管理办法》。
2002 年 6 月	国务院办公厅/国家环保总局	《中华人民共和国清洁生产促进法》第二十二条："农业生产者应当科学地使用化肥、农药、农用薄膜和饲料添加剂，改进种植和养殖技术，实现农产品的优质、无害和农业生产废物的资源化，防止农业环境污染。"
2004 年 11 月	国家质量监督检验检疫总局	国家质量监督检验检疫总局于 2004 年 9 月 27 日审议通过了《有机产品认证管理办法》，2005 年 4 月 1 日起施行。
2005 年 1 月	中共中央 国务院	中央财政继续增加良种补贴和农机具购置补贴资金；扩大重大农业技术推广项目专项补贴规模，优先扶持优质高产、节本增效的组装集成与配套技术开发。2005 年起，开展对农民购买节水设备实行补助的试点。
2005 年 12 月	中共中央 国务院	推进社会主义新农村建设，推广秸秆气化、固化成型、发电、养畜等技术；增加测土配方施肥补贴，继续实施保护性耕作示范工程和土壤有机质提升补贴试点。加快发展循环农业。
2007 年 1 月	中共中央 国务院（中央一号文件）	健全农业支持补贴制度。鼓励农民发展绿肥、秸秆还田和施用农家肥；推进人畜粪便、农作物秸秆、生活垃圾和污水的综合治理和转化利用；扩大土壤有机质提升补贴项目试点规模和范围；开展免耕栽培技术推广补贴试点。加快发展有机农业。
2008 年 1 月	中共中央 国务院（中央一号文件）	加强对农业基础设施的投入，继续加大对农民的直接补贴力度，增加粮食直补、良种补贴、农机具购置补贴和农资综合直补；加快转变畜禽养殖方式，继续实行对畜禽养殖业的各项补贴政策；加强农村节能减排工作，鼓励发展循环农业。

（续表）

时间	机构/组织	法律法规/政策措施/行动计划（内容及特点）
2009 年 2 月	中共中央 国务院 （中央一号文件）	较大幅度增加农业补贴，加大良种补贴力度，增加农机具购置补贴，加大农资综合补贴力度。开展鼓励农民施用有机肥、种植绿肥、秸秆还田奖补试点。实行重点环节农机作业补贴试点。
2010 年 2 月	中共中央 国务院 （中央一号文件）	国家将对农民增加良种补贴，加快建立健全粮食主产区利益补偿制度，并完善畜禽扑杀补贴政策。扩大测土配方施肥、土壤有机质提升补贴规模和范围。推广保护性耕作技术，实施旱作农业示范工程，对应用旱作农业技术给予补助。
2012	中共中央 国务院 （中央一号文件）	新增补贴向主产区、种养大户、农民专业合作社倾斜。提高对种粮农民的直接补贴水平。加大良种补贴力度。扩大农机具购置补贴规模和范围，进一步完善补贴机制和管理办法。
2013	中共中央 国务院 （中央一号文件）	完善主产区利益补偿、耕地保护补偿、生态补偿办法；新增补贴向专业大户、家庭农场、农民合作社等新型主体倾斜。落实好农民直接补贴、良种补贴政策；实施有机质提升补助等。
2014	中共中央 国务院 （中央一号文件）	积极开展改进农业补贴办法的试点试验；继续实行良种补贴等政策；在有条件的地方开展按实际粮食播种面积或产量对生产者补贴试点，提高补贴精准性、指向性；加大农机购置补贴力度，强化农业防灾减灾稳产增产关键技术补助。
2015	中共中央 国务院 （中央一号文件）	继续实施种粮农民直接补贴、良种补贴、农机具购置补贴、农资综合补贴等政策；完善农机具购置补贴政策；扩大节水灌溉设备购置补贴范围；实施农业生产重大技术措施推广补助政策健全粮食主产区利益补偿、耕地保护补偿、生态补偿制度。
2016	中共中央 国务院 （中央一号文件）	改革完善粮食等重要农产品价格形成机制和收储制度；建立玉米生产者补贴制度；将种粮农民直接补贴、良种补贴、农资综合补贴合并为农业支持保护补贴；完善农机购置补贴政策；建立健全生态保护补偿机制；完善农业保险制度。

参考文献：

中共中央、国务院 . 2004. 中共中央国务院关于"三农"工作的一号文件汇编（1982—2014）[M] . 北京：人民出版社 . 1~285.

中共中央、国务院 . 2015-02-01. 关于加大改革创新力度加快农业现代化建设的若干意见 . 取自 http://money. 163. com/15/0201/19/AHD3KP9Q00251OB6. html.

中共中央、国务院 . 2016-01-27. 关于落实发展新理念加快农业现代化实现全面小康目标的若干意见 . 取自 http://news. china. com/domestic/945/20160127/21322182. html.

我国从 2005 年起的连续五年的中央一号文件强调要稳定、完善、强化对农业和农民的直接补贴政策，其中涉及许多鼓励农业清洁生产技术应用的补贴政策。近年来，国家为鼓励发展农业清洁生产，推出了一系列较为完善的农机购置补贴政策，通过政策的宏观调控作用，引导农民购置先进适用、安全可靠、节能环保的农机具。在实践中通过大力推行保护性耕作机械化技术，减少土地翻耕，防止土壤被风蚀和水蚀，有效地改善生态环境；同时倡导发展循环农业，通过推广"沃土工程"、乡村清洁生产工程及测土配方施肥等工程技术手段，降低农业生产成本，实现农业节本增效，以及提升农业现代类型。当前，我国制定的有关农业清洁生产技术运用的激励政策正处于起步阶段，亟待进一步健全和完善。

（2）各地政策实践。江苏省曾在 2002 年 1 月启动了"江苏省农产品清洁生产创新研究与实施"研究课题，是国内较早地开展此项研究的省。该研究形成了农产品清洁生产的技术、标准、检测体系、生产经营创新体系和政策法规保障体系等五大体系，形成了无公害生产技术规程 19 项、生产基地 14 个、经营实体 12 个、注册商标 10 件，并有 8 个产品获无公害农产品证书（宋秀芳，2005）。该套技术体系能像工业产品生产标准那样成为强制性标准，确保食品安全。

北京市于 2006 年发布《北京市"十一五"时期循环经济发展规划》，其主要任务之一是全面推行清洁生产，农业领域的重点是改进种植和养殖技术，实现农产品的优质、无害和农业生产废物的资源化（北京市发展与改革委员会，2006）。北京市也在推进农村清洁生产方面做了一些有益的尝试，如在适宜地区大力发展以沼气利用为纽带的循环农业模式，取得显著成效。2009 年北京市发展与改革委员会又评选出 24 家试点单位作为第一批循环经济试点单位，首批名单包括 1 个循环农业园区和 3 家农产品加工龙头企业（北京市发展与改革委员会，2009）。

浙江省委在 2007 年提交了《关于推行农业清洁生产的几点建议》的提案。该提案已经被浙江省农业厅列为重点提案，浙江省将逐步建立农业清洁生产的产业体系、健全农业清洁生产的投入体系、完善农业清洁生产的技术体系、构建农业清洁生产的政策体系并建立以"三网三制"为主要内容的农资监管长效机制[20]，现已形成了动物疫情监测、动物防疫监督信息网络等体系，建立了相应的规章制度，使畜产品安全水平有了明显提高（陆建定，2005）。

1.1.2.3　农业清洁生产技术应用存在的问题

近年来，我国在推行清洁生产的企业试点示范、宣传教育培训、政策研究制定等方面均取得了很大进展，但从总体上看，这种新的生产方式和环保战略更多地应用于工业生产领域，在农业领域尚没有形成一个统一的认识，在实践中没有得到有效的应用和实施。农业清洁生产作为新兴起的环保革命，考虑农业生产的特点，其在推行过程中存在以下 4 个方面问题。

（1）缺乏对农业清洁生产重要性的认识和宣传。我国在《清洁生产促进法》中对农业清洁生产作了基本规定，但是我国由于对农业清洁生产认识不足、重视不够，这种新的农业生产模式和环保战略还未在农业生产领域广泛应用，各级政府还未能把农业清洁生产部署到现代农业的多个环节特别是农业结构调整及农村环境整治中去（周颖等，2009）。农业生产部门往往过于强调产量，而忽视农业环境问题或者把环境问题置于次要位置，即使接受农业清洁生产的概念，并意识到是农业生产的技术革命，但由于环保意识不强，造成农业清洁生产技术推行不到位。此外，一方面农民的生态环境保护意识低下，在眼前经济利益的驱动下，仍大量使用农用化学品而产生农业面源污染；另一方面，政府在推行农业清洁生产上的政策与措施不得力，使得农业清洁生产技术推行不到位，从而严重制约了农业清洁生产的发展。

（2）缺乏统一的生产技术规范和科技服务支撑。农业清洁生产是一种新型的农业生产方式，在没有形成统一的认知情况下，农业清洁生产只是一个概念，易理解、难实施。目前，现行的绿色食品、无公害农产品有机产品都是按照相应的标准生产加工，即农产品生产是要通过相关认证的。除此之外，良好农业操作规范（GAP）、危害分析的关键控制点（HACCP）等具有农业清洁生产的概念产品生产和加工，都必须通过相应的认证。因此，如何界定是否属于农业清洁生产的范畴，尚缺乏统一的规范和标准，使得推广存在一定的困难。此外，农业清洁生产强调尽量少施或不施化学制品，采用现代农业生物技术，大力开发抗逆新品种、生物农药、生物肥料、健康友好饲料添加剂，同时配合使用新型环境友好的化肥、低毒、高效、低残留化学农药及生物可降解农膜等农业清洁生产技术体系是实现农业清洁生产亟待解决的关键问题（高骐等，2007）。

（3）缺乏组织化生产管理模式与市场培育体系。为了确保农产品的质量安全，农业清洁生产需要较高的组织化生产管理，建立有效的生产管理体系和制度。然而目前我国农业生产方式仍以分散经营的农户承包经营方式为主，这种分散经营、各自为战的农户直接参与市场活动，难以形成规模经济。首先体现在土地经营规模上。农户由于生产规模小、带动能力弱，缺乏市场竞争力。其次体现在技术的研究、开发与利用上。小规模农户由于自身的局限性，不仅不具备进行科研开发的能力，也缺乏吸纳先进科技成果的动力。最后体现在融资能力上。对小规模农户的贷款成本高、风险大，小规模农户贷款难几乎是世界各国的通病，在我国更不例外（齐玮，2003）。此外，目前我国还未形成有关清洁农产品贸易市场体系，绿色农产品、无公害农产品及有机农产品其实并未获得真正的增值增效。另一方面，我国市场监督体系尚不健全，食品安全监管长效机制还未建立，因此很难促进农业清洁生产的发展。

（4）缺乏推进农业清洁生产技术运行激励机制。农业清洁生产是经济与社会协调发展的"双赢"战略，是实现可持续发展的现实选择。农业清洁生产给农产品加工企业及农户带来的成本是直接的、有形的，而给生产者带来的收益大多是长期的、甚至不确定的。发达国家通过制定优惠的税收政策、资金补偿政策等鼓励企业或农户实施清洁生产，而现阶段我国能够具体操作的金融政策法规却很少，缺少相应的清洁生产激励政策。目前，政府提供的资金非常有限，清洁生产保证资金来源匮乏、渠道不畅，加工企业开展清洁生产缺少必要的资金支持，农户在清洁生产技术采纳方面也没有得到相应的补偿。这在一定程度上，制约了企业管理理念的更新，以及农户自愿生产的积极性，使得农业生产、经营方式难以转变，影响了清洁生产的进程（石芝玲等，2004）。

1.1.3 农户缺乏环保动力成为技术推广的主要障碍

我国北方农村分散化经营生产模式及土地制度决定了农户是生产经营的主体（陈宏金等，2004），尽管政府通过引进经营能力较强的大户、合作社和工商企业等方式，积极引导农村土地流转以实现规模化经营，但要使农民真正获得土地所有权、经营权及管理自主权，还需要制度改革逐步完善的过程。现阶段，农户作为种植业产品的生产者，不仅是农业清洁生产技术实践的主要承担者，也是农业环境保护的主要参与者。目前，种植业产品不安全主要是在生产过程中由化肥、农药使用不规范，施用过量或安全间隔时间不够等行为引起的。政府推广农业清洁生产技术就是要改变农户生产行为，减少化肥、农药施用量，改善及保护农业生态环境并产出安全农产品。因此，农户对农业清洁生产技术的认知程度和采纳意愿直接关系到农业清洁生产技术能否顺利实施，特别是在农业面源污染严重的集约化农区尽快实践和推广。

首先，从农户个体因素考虑。老一代的农户年龄偏大、文化程度偏低，对于新事物认知能力差、思想偏于保守，主观意识不强；年轻一代的农户文化程度较高，在农村快速城镇化的影响下，对于新事物的认知能力明显增强，主观意识的增强使其往往产生不同的利益诉求。因此，要让各年龄农户切实认识到现有生产技术方式的环境影响，通过政府积极的指导，运用市场机制，在应用清洁生产技术的农户与推广技术的政府之间制定一种有利于农业生态环境改善，保障农产品质量安全的经济政策，使农户愿意接受并采纳清洁生产技术措施，是科学技术创新真正应用于生产实践的关键。

其次，从技术采纳的外部因素考虑。农户采纳清洁生产技术而改善了农田生态环境，增强了生态系统服务功能，向社会提供清洁农产品，使公众受益；而农户却要付出额外成本及承受产量损失。显然公众是受益者，农户的私人收益小于社会收益，在清洁技术采用的方式下农业生产表现出显著的正外部性。农户提供预期生态服务的成本主要包括：放弃替代活动收益的机会成本、维持土地利用变化的生产成本及项目实施的交易成本三部分（李晓光等，2009）。这部分预期生态服务的成本必须由政府提供相应的经济补偿，才能有效激励采纳清洁技术农户的积极性及公共产品的足额提供（宋敏等，2008；沈满洪等，2004）。如果不能通过制度的创新解决好生态投资者的合理回报问题，清洁生产技术的推广将举步维艰。

1.2 研究意义

1.2.1 技术评估成为提高农业补贴政策影响力的重要支撑

农业是国民经济的基础，是人类的衣食之源和生存之本（伍江，2005）。农业在支撑人类社会发展历程中表现出弱质性特征：农业受环境条件影响很大，生产面临严重自然风险；生产周期较长，供给调整滞后于市场需求变化；投资回报率较低，成为社会资本入农的极大障碍。农业对国民经济的贡献及显著的弱质性特征决定了农业是市场经济中的弱者。因此，为了弥补因"市场失灵"导致农业发展困境，政府采用补贴手段扶持农业生产、流通、贸易等环节发展，既体现真正意义的公平，又是政府公共职能的重要标志（吴贵平，2003）。不论发达国家还是发展中国家政府普遍通过各种补贴提升农业市场竞争力。

我国的农业补贴政策随着农业现代化进程，大致经历了从改革开放前的农业支援工业，到改革时期的初步建立农业补贴政策体系，发展到新时期实行工业反哺农业，全面实施对农业的支持与保护政策阶段（熊艳等，2003）。目前，国家和地方政府已经出台了一系列推广农业清洁生产技术的补贴政策（见表1-1），在推进农业补贴立法、开展补贴项目试点、加强农民教育培训等方面取得了一定进展。然而，与美国、欧盟、日本等发达国家相比，无论从政策的运行机制、实施效果，还是影响作用及公众参与等各方面，均存在不小的差距。

由于政策的影响力直接涉及政府系统，所以，政府官员如果要影响政策（使政策能够更好地实施），就必须使其具有说服力。在实践应用中，资历、亲和力、智慧等特征的影响力日弱，知识、思考和处理问题的见解以及具有充分信息源等特征的影响力日强。因此，政府官员要对政策难题进行有效的回应和处理，就需要从政策分析、项目评估以及统计资料中提出正确的数据和科学的观点，并由此细化政策、行政、项目和计划，不断地吸收新的知识、扩大视野，提高对于农业补贴项目的实际处理能力和管理能力。由此可知，开展农业清洁生产技术评估研究是农业补贴政策和补贴项目实施的有机组成部分，也是获得说服力和影响力的有力的技术工具。

1.2.2　技术评估是实现补贴政策项目预期目标的根本途径

农业清洁生产示范项目是国家大力支持的政策项目，其设计、界定、争论、实施与资助都是在政府的监督指导下完成，并受到来自社会各方的压力（支持的、反对的）。政府作为政策制定者和决策者，经过多年来对项目财政支持，迫切需要了解项目是否达到预期目标、项目取得的进展与绩效、项目对实施地区及目标群体的影响、项目改进及推广的价值、项目所需的资金等等。即使是在小区域实施的局部的、具体的项目，获得上述问题的答案也是必要的。然而，要获得上述问题的科学合理的答案，必须要进行技术评估（彼得·罗希等，2007）。

农业清洁生产技术评估就是在有限的资金、人力和物力条件下，由专业评估研究者（评估者）运用社会研究方法，将定量分析与定性分析相结合，充分研究、评价和估计某项清洁生产技术的采用或限制，首先要对技术应用后果做全面的宏观研究，包括对技术的性能、水平和经济效益及技术对环境、生态乃至整个社会产生的影响，从总体上评价把握利害得失，并将负影响降至极小；其次要根据技术评估的结果，确定某项清洁生产技术的优点和应用价值，预测中远期对农业生产的影响、发展趋势、影响强度时间及最终后果；最后设法提出对策措施、改进方案，防止和解决技术带来的负向影响，使技术的正向效果达到极大，引导农业清洁生产技术开发及应用符合人类利益，有利于农业、农村和农民的发展。

技术评估已经成为社会科学界一个重要的学术领域和最有活力的前沿阵

地。专业训练的评估研究者（评估者）将所学到的知识运用到理论实践部门和机构的政治决策，并运用到组织和行政决策中。作为一个领域，评估研究已超出了学术研究范围，在政策制定、项目管理、为客户辩护等方面，评估已经成为一种日常工作实践。由此，农业清洁生产技术评估的结果是要为补贴项目改进提供指导性信息，使清洁技术支持政策决策、农业资源利用、项目设计、项目实施和延续变得更加有利于人的发展，即从产品安全、环境保护、资源节约、收入增加及扩大就业等各方面促进农村经济发展、农民收入增加和农业环境改善。

1.2.3 技术评估是破解清洁生产技术应用障碍的有效手段

我国农业清洁生产技术补偿政策制定存在三个方面问题。一是政策设计缺乏对环境利益双方耦合关系的认识。绝大多数政策制定都没能把个体生产者作为平等的利益关系主体对待，而把组织机构作为补贴政策的受偿方（补偿对象）。以秸秆粉碎还田技术补贴为例，将农机服务组织或农机手作为秸秆还田技术补贴对象的作法值得商榷。二是政策机制缺乏对于农民意愿和利益的充分尊重。一方面政策的指向性亟待明确，农户作为技术实践者应该成为补偿对象，项目的实施要尽量保障农民的利益；另一方面，政策的效能亟待提高，要运用科学合理的手段、制度，调动农民的积极性、主动性和创造性，提高农民主动参与清洁生产意识。三是补贴标准的制定缺乏科学方法体系的支撑。目前，我国现有清洁生产技术补贴标准的确定大多由政府通过行政命令执行，缺乏广泛听取农民意见和诉求的过程，以及科学的技术应用价值评估方法的支撑。

农业清洁生产技术评估将服务于补贴政策的制定者、资助机构、项目管理者及目标群体（农户）等，使得项目各方明晰值得实施和不值得实施的示范项目，启动新项目和改善既有项目，从而达到政策制定所预期的目标。具体实施方案将解决以下关键问题。

（1）技术推广存在问题特质和范围是什么？问题出在哪里？影响到谁？如何产生影响？

（2）可行的、能对技术推广障碍问题产生明显改善作用的政策干预是什么？

（3）补贴政策的对象是谁？补贴政策措施是否落实到了目标群体（农户）？

（4）补贴活动对于实现预期生产目标或个人利益是否有效？

（5）项目的成本与绩效和收益比较是否恰当？

技术评估研究工作有效破解由于顶层设计和人为因素引起的技术推广不畅的问题，从农户的意愿和诉求出发，设法采取对策、修正方案以激励环保生产行为，消除技术应用给目标群体带来的负影响。

1.3 研究目标

1.3.1 总体目标

本研究总体目标是建立基于农户微观层面的多角度、多方法结合的技术应用价值评估方法体系，通过实证研究揭示技术应用行为意愿影响机理，确定技术应用的补偿标准和阈值，为农业清洁生产技术补偿政策项目的改进提供指导性建议，为政府部门思考和处理清洁生产技术应用障碍问题提供技术服务和方法参考。

1.3.2 具体目标

（1）在理论研究方面，建立以"农户技术应用补偿意愿评估、农田清洁生产技术效率评估、农田系统服务功能价值评估"为框架的技术评估方法体系，为丰富和完善技术评估的理论和方法，增进学科领域相关知识提供创新思路。

（2）在实证研究方面，定量提出补偿意愿的决定因素并进行排序，揭示生产行为驱动机制因子的作用规律和运行规则；确定典型农田清洁生产技术补偿标准阈值和估计值，为建立完善技术补偿政策制度提供技术支撑和决策依据。

（3）在应用研究方面，以实证案例研究成果为基础，初步设计并拟订"玉米秸秆机械化粉碎还田技术补贴实施指导意见"，为在华北地区大力推广玉米秸秆机械化粉碎还田技术，定量判断补贴政策下的技术应用效果提供参考。

1.4 研究内容

1.4.1 研究内容

根据总体研究目标，遵循从理论到实践、从宏观到微观、从一般到个别地研究思路，探明技术评估与技术补偿的内在逻辑关系，明确技术应用价值评估与补偿机制研究的一致性；构建农田清洁生产技术应用价值评估方法体系，运用意愿价值评估方法开展不同区域的实证研究，科学计量并确定技术应用补偿标准；尝试设计典型农田清洁生产技术补偿政策实施意见，为改善生态环境和提高生产效益提供科学的、可操作的政策建议。研究内容包括以下6部分。

第一部分是农业清洁生产的理论与技术体系研究。系统总结农业清洁生产的理论基础、清洁生产技术体系框架和基本类型；将农业清洁生产技术体系划分为生产过程控制技术、生产模式模拟技术、产品安全保障技术及宏观调控政策干预四个组成部分的12种技术类型。

第二部分是技术评估与技术补偿内涵与关系探索。宏观分析技术评估与技术补偿的内涵和特征，探明两者之间在政治意涵、辩证关系及逻辑关系等方面的一致性和关联性，论述由农业清洁生产技术补偿机制研究来替代技术应用价值评估研究的合理性。

第三部分是农业生态补偿的理论及方法综合述评。全面评述农业生态补偿的理论基础及农业生态补偿标准确定的原理，总结环境物品非市场价值评估方法（生态系统服务功能评估方法）的构成；重点梳理意愿价值评估方法（CVM）的特点及其在农业领域应用的研究进展。

第四部分是技术应用价值评估方法体系思路框架。初步构建由补偿意愿评估、技术效率评估、生态价值评估三大模块组成的技术应用价值评估方法体系，提出价值判断应以技术采纳的补偿意愿评估为核心，技术应用成本效益评估为基础，以农田系统价值评估为辅助。

第五部分是农田清洁生产技术补偿机制实证研究。深入开展不同区域典型农田清洁生产技术补偿机制实证研究，以贵州省黔东南自治州、云南省大理州洱源县及河北省保定市农户调查为例，运用CVM方法定量分析行为意愿影响因子作用规律，科学计量确定技术应用补偿标准。

第六部分是农田清洁生产技术应用补贴政策设计。联系实际设计拟定农田废弃物综合利用技术补贴政策实施意见，为帮助决策部门改进项目、提高政策执行力度，提供充分的信息源和正确的分析数据。

1.4.2 技术路线

本研究的技术路线包括规范研究、实证研究和应用研究三个模块，如图1-1所示。

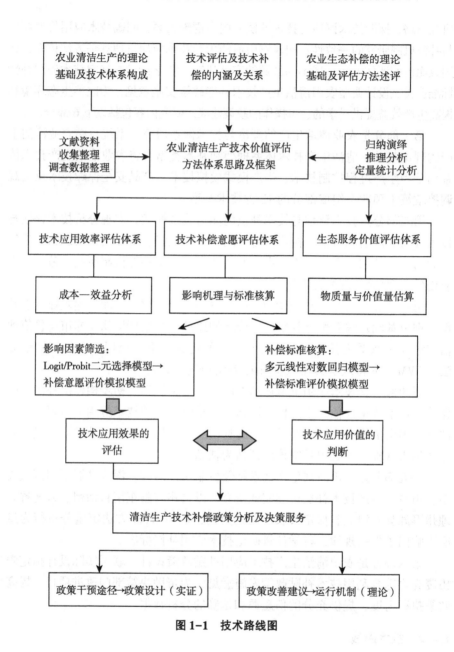

图 1-1   技术路线图

2 农业清洁生产理论基础与技术体系

2.1 农业清洁生产理念的产生

2.1.1 清洁生产思想的起源

　　工业革命以来，尤其是 20 世纪 70 年代以来，全球社会经济得到了迅速发展，但同时也造成了资源过度消耗和日益稀缺，环境问题日益严重，从而大大制约了经济的发展和社会的进步。人们不得不开始对过去的经济发展模式进行反思，重新审视经济与环境以及环境资源间的关系。通过过去几十年的环境保护实践，人们逐渐认识到，仅依靠开发更有效的污染控制技术所能实现的环境改善十分有限，关心产品和生产过程对环境的影响，依靠改进生产工艺和加强管理等措施来消除污染更为有效，于是清洁生产战略应运而生。

　　清洁生产的起源来自于 20 世纪 60 年代美国化工行业和污染预防审计，并迅速风行全球。"清洁生产"概念的出现，最早可追溯到 1976 年。当年欧洲共同体在巴黎召开"无废工艺和无废生产国际研讨会"，会上提出"消除造成污染的思想根源"的思想，即清洁生产的思想。1979 年 4 月欧共体理事会宣布推行清洁生产政策。70 年代末期以来，不少发达国家的政府和各大企业集团（公司）都纷纷研究开发和采用清洁工艺（少废无废技术），积极开辟污染预防的新途径，把推行清洁生产作为经济和环境协调发展的一项战略措施。80 年代国际社会高度重视清洁生产的发展，1984 年、1985 年、1987 年欧共体环境事务委员会三次拨款支持建立清洁生产示范工程。1984 年和 1988 年美国与荷兰也相继实施清洁生产。1989 年，联合国环境规划（UNEP IE/PAC）正式提出了清洁生产的概念，即生产的全过程污染控制模式。其实质（含义）是把污染预防的综合环境保护策略持续应用于生产过程、产品设计和服务中，从污染源的产生开始，减少生产和服务过程对人类和环境的风险性。

20世纪90年代，实施清洁生产成为国外重要的环境预防战略。1992年，联合国环境与发展大会在巴西里约热内卢召开，大会通过的《21世纪议程》更明确地指出，工业企业实现可持续发展战略的具体途径是实施清洁生产。1996年联合国环境规划署又对清洁生产概念进行了修订，认为"清洁生产是一种新的创造性的思想，该思想将整体预防的环境战略持续地应用于生产过程、产品和服务中，以增加生态效率并减少人类和环境的风险"（吕志轩，2009）。1998年，在韩国汉城第五次国际清洁生产研讨会上，代表实施清洁生产承诺与行动的《国际清洁生产宣言》出台，到2002年3月，已有300多个组织在该宣言上签字。清洁生产正在不断获得世界各国政府和工商界的普遍响应（杨再鹏，2008）。

清洁生产理念，自诞生以来迅速发展成为国际环保的主流思想，有力推动了世界各国的环境保护。各国在清洁生产实践中不断创新，新的清洁生产思想、新的清洁生产工具大量涌现，丰富了传统清洁生产，催生了新型清洁生产。发达国家清洁生产的驱动力主要来自政府导向和大型企业的自愿性。近年来，国外在推行清洁生产的企业试点示范、机构建设、政策制定等方面均取得了可喜的进展，清洁生产也成为企业发展循环经济的切入点而备受关注。

2.1.2　清洁生产的理论内涵

根据1996年联合国环境规划署的定义，清洁生产包含了两个全过程控制：生产全过程和产品整个生命周期全过程。对生产过程，要求节约原材料和能源，淘汰有毒原材料，削减所有废物的数量和毒性。对产品生命周期，要求减少从原材料提炼到产品最终处置的全生命周期的不利影响。其核心是将环境、资源的考虑有机融入产品及其生产的全过程，其结果是生产过程对环境的友好及资源的节约。

清洁生产从本质上来说，就是对生产过程与产品采取整体预防的环境策略，减少或者消除它们对人类及环境的可能危害，同时充分满足人类需要，使社会经济效益最大化的一种生产模式。清洁生产贯穿于工农业生产的全过程，即从产品开发、规划、设计、建设到生产、经营管理的全过程；从原材料加工到产品、产品使用、废品的再资源化各个环节（杨再鹏，2008）。由此可知，清洁生产的理论内涵至少包括三个方面的主要内容。

2.1.2.1 清洁的原料与能源

清洁生产的基本原则之一是尽量不用、少用有毒、有害的原料，即选用清洁的原料。清洁的原料对污染物的削减起着决定性的作用。如果只能采用不太清洁的原料，则要尽量加强生产过程的清洁性。清洁生产的基本原则之二是优先发展水电、核电、太阳能、风能、地热、海洋能等可再生新能源。由于不可再生的石化燃料，在使用过程中对环境造成严重污染，因此应选择替代新能源。

2.1.2.2 清洁的生产过程

清洁生产的重要内容之一是对一个组织的生产过程实施污染预防的活动。因此，狭义上看，清洁生产是在产品及其生产过程中实施的污染预防对策措施。由于部门、行业、企业情况千差万别，即使同一类型的部门、行业、企业，其产品、生产过程所面临的具体环境问题也不尽相同。因此，实际生产中并不存在一套统一的清洁生产技术方法措施。开展清洁生产需要针对每个行业（或企业）产品及其生产过程的具体问题、具体情况进行实施。对于一个生产过程系统，实施清洁生产的基本途径如图 2-1 所示。

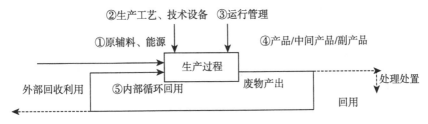

图 2-1 清洁生产的基本途径技术路线图

资料来源：杨再鹏 . 2008. 清洁生产理论与实践 . 北京：中国标准出版社 .

根据图 2-1 所示，清洁的生产过程包括：尽量少用、不用有毒有害的原料；改革生产工艺和技术设备，减少生产过程中的各种危险性因素；使用简便、可靠的运行操作和控制管理；改革产品体系，保证中间产品的无毒无害；进行生产系统内部物料的再利用等五个主要环节。

2.1.2.3 清洁的产品

清洁生产理论要求"清洁的产品"。产品设计要从生态平衡出发，考虑到保护环境的要求，尽可能选用清洁的原料，节约原材料和能源；产品在使用过程中以及使用后不会带来危害人体健康和破坏生态系统的后果；产品的包装材料应符合环境无害化的要求，在环境中容易降解；产品使用后易于回收、重复使用和再资源化；使用寿命合理，即在产品整个生命周期过程中对环境是友好的和清洁的。

2.1.3　农业清洁生产理念产生

20世纪70—80年代，在国际社会开始实施工业清洁生产战略以后，由工业化技术进步而引发的农业革命，使得传统农业模式发生深刻地变革，石油农业替代传统农业成为世界农业的主要模式。然而，在其辉煌成就的背后人们逐步意识到，以高投入、高消耗、高污染为代价的石油农业使得农业生产不仅承受着工业生产带来的污染，其自身也产生了许多环境问题，主要表现在化肥、农药、地膜的使用对土壤、水体、大气、农作物和生态环境的不良影响；不合理的灌溉以及畜牧业生产粪便排放造成的环境污染问题。

20世纪80年代中后期，随着科技的发展、社会的进步和认识水平的不断提高，实现农业的可持续发展，实现资源节约和永续利用已经在国际社会达成了共识。在西方发达国家可持续农业思潮的影响下，各国先后提出了多种替代农业模式，比较有代表性的有生态农业、有机农业、集约农业等模式。其中，有机农业和生态农业的积极倡导者主张完全或基本上不使用化肥、农药等农用化学品。然而国内外实践均证明，完全摒弃化肥和农药的生产方式还不能成为一种普遍的农业发展模式，未来农业的发展仍然离不开化肥和农药。鉴于此，国内外专家和学者开始积极寻求一种可持续发展的农业生产模式，而此时工业清洁生产的成功经验和做法，无疑为农业清洁生产的实施提供了宝贵经验。

20世纪90年代初期，在全球探索农业发展的新理念、新趋势和新道路的推动下，在工业清洁生产等外因的共同作用下，农业清洁生产作为清洁生产理念在农业领域的延伸和拓展引起国际社会的关注。农业清洁生产的核心内容就是将工业清洁生产的基本思想整体预防的环境战略持续应用于农业生产过程、产品设计和服务中（贾继文等，2006），这种模式并不排斥化肥、农药的使用，而是充分考虑使用这些化学品的生态安全性，实现经济、社会、生态效益相统一。国内学术界从20世纪90年代末到21世纪初期开始对农业清洁生产这一崭新的领域产生浓厚兴趣，并在理论内涵、技术体系、政策措施等方面开展了广泛的研究和交流。

2.2 农业清洁生产理论基础及内涵特征

2.2.1 农业清洁生产的理论基础

农业清洁生产是一种高效率的生产方式，既能预防农业污染，又能降低农业生产成本，符合农业可持续发展战略的根本要求。因此，农业可持续发展理论自然成为农业清洁生产的理论基础；同时，农业清洁生产也是一种农业经济活动，必然受到经济学方面的理论指导（张秋根，2002）。

2.2.1.1 农业可持续发展理论

农业可持续发展要求进行农业生产时，既要满足当代人需求，又不对后代人及其他复合系统需求构成危害。它不仅要求农业生态潜力的持续，而且要求所提供的基础产品（农产品）和产出服务（环境服务）的持续。农业可持续发展的理论主要基于生态控制论理论、区域系统观理论和环境承载力理论，这三大基础理论对于制定和实施农业清洁生产有着重要的指导作用。

（1）生态控制论。生态控制论是生态学和控制论两个学科结合而产生的一个交叉学科，它是用控制论的原理和方法来研究生态系统中信息的传递、变换、处理过程和调节控制规律的科学。生态控制论的三大基础理论揭示了生态系统中存在的普遍规律：①循环再生理论指出，生物圈中的物质是有限的，原料、产品和废物的多重利用及循环再生，是农业生态系统长期生存并不断发展的基本对策。②相生相克理论阐明，在农业生态系统中，一切生物都通过竞争夺取资源，通过共生节约资源，以求得持续稳定。③自我调节理论表明，在农业生态系统中，任何生物都有较强的自我调节和适应环境的能力，即它们能够根据环境的状况，抓住最佳机会尽快发展，并力求避免危险获得最大保护。农业清洁生产经营系统是一种自组织复合生态系统，应以生态控制论的相关理论为依据，建立和完善生态系统系统内部的循环再生机制、保证系统稳定性的机制及自我适应和自我维持的调节机制。

（2）农业区域系统观理论。农业区域大系统是由若干个子系统结合而成的整体，但其性能不等于各个子系统特性的简单相加。大系统的各个子系统之间有着千丝万缕的联系。因此，研究农业清洁生产时要同时研究其他子系统与农业清洁生产的制约关系。由于农业清洁生产之外的其他子系统都是农业清洁生产赖以存在的自然环境系统，所以对农业清洁生产的研究，不能将其与周围环境系统割裂开来，而是要将该系统与环境作为有机整体进行研究。

（3）环境承载力理论。环境承载力理论是以某一区域整体环境（包括土壤、大气、水等）为对象，研究环境的整体特征，从中确定一定时期内区域环境对人类社会经济活动支持能力的阈值。当人类在进行农业清洁生产活动时，农业环境系统结构的变化引起农业环境承载力质与量发生变动，使得人类的农业经济活动受到客观条件的制约。由于环境承载力的变动性在很大程度上是可以由人类活动加以控制的，因此人们在开展农业清洁生产时，可以通过明智的、有目的技术措施，在一定限度内改变农业环境系统的结构，增强环境承载力。

2.1.1.2 农业生态学理论

农业生态学是运用生态学和系统论的原理和方法，把农业生物与其自然和社会环境作为一个整体，研究其中的相互联系、协同演变、调节控制和可持续发展的学科，主要阐述农业生态系统相关关系的基本原理，展现各种农业可持续发展的基本思路。农业生态系统是以农业生物为主要组分、受人类调控、以农业生产为主要目标的生态系统（戈峰，2004）。

（1）农业生态系统特征。主要包括四个方面。①农业生态系统是人类经济活动的产物。农业生态系统是人工创造的生态系统，人类是出于经济目的而创造农业生态系统的，这种经济目的是以需要和可能为基础，必须在人类不断干预、控制和管理下才能存在。②农业生态系统的功能受人类经济活动所控制。农业生态系统由环境、生产者、消费者和分解者四个基本要素构成。人类对系统的控制和改善其功能的活动也针对这四要素进行，并涉及自然、经济、社会和政治各方面。③能量转化和物质循环是农业生态系统最重要的特征。其中使用价值是随着能量转化和物质循环运动逐渐积累而形成的，即从农业生态系统的植物库和动物库中提取人类所需的农产品。④商品交换是造成农业生态系统间能量和物质输出及输入的重要原因。农产品的商品化使能量与物质的循环运动不仅局限于一个农业生态系统之内，而扩大到系统与系统之间，甚至农业与工业之间形成错综复杂的交流（陈迭云，1983）。农业生态系统的经济学特征，使人类得以在实施清洁生产活动中通过各种干预手段和控制措施以促进农业经济从数量扩张型向质量效益型增长的转变。

（2）农业生态系统结构与功能。农业生态系统的结构是指生态系统组分在空间、时间上的配置及组分间的能物流顺序关系。农业生态系统的结构包括生物组分的物种结构、空间结构、时间结构、食物链结构，以及这些生物组分与环境组分构成的格局。结构与功能的辨证关系是指结构与功能是相互依存、相互转变的。生态系统要素与结构是系统功能内在的根据和基础。功能是要素与结构的动态过程，一定结构体现出相应的功能，一定的功能总是由一定系统的结构产生（戈峰，2004）。对农业生态系统内部组成结构的认识，是全面了解生态系统功能的主要途径，也是探索农业生态产业链系统结构的前提和基础。这为研究农业清洁生产的产业流程与模式特征提供了启示。

2.1.1.3　产业经济学原理

农业清洁生产作为一种新的农业经济增长方式，实现农业生产从粗放增长向集约增长转变，提高农业产业附加值，调整农业产业结构，促进农村产业升级，必须以产业经济学相关理论为指导。

（1）产业组织理论。产业组织理论是关于市场经济中垄断与竞争的理论。哈佛学派正统产业组织理论的基本特征是结构—行为—绩效（Structure-Conduct-Performance，SCP）分析范式。假定市场的结构—行为—绩效之间存在的是一种简单、单向、静态的因果关系，即市场结构决定厂商行为，从而市场结构通过厂商行为影响经济运行的绩效。20世纪70年代以来产业组织理论采纳信息经济学和博奕论的最新研究成果，使SCP单向静态的分析范式在转变为双向、动态的分析范式时不仅能够更敏锐、更完善地反映现实，还突破了厂商追求利润最大化的单一目标（臧旭恒等，2007）。产业组织理论强调市场结构的重要性，它深刻影响厂商行为，也是企业追求各种运行绩效的前提。农业清洁生产发展追求经济、生态、社会效益的最优化目标，要在一定的市场结构下，通过一定的厂商行为得以实现。

（2）产业结构理论。产业结构的变化和经济发展是对应的，这种对应关系主要表现在不同的经济发展阶段，产业结构会做出相应的调整。影响和决定产业结构变化的因素主要包括供给因素和需求因素两大方面。产业结构升级的直接动因是创新：创新导致技术的进步，一些产业得以高速扩张而成为主导产业，主导产业的状况在很大程度上决定了该产业结构系统未来的发展方向和模式；创新带来了新的市场需求，刺激产业进行有规则的扩张或收缩，从而直接拉动产业结构的升级（臧旭恒等，2007）。技术创新在产业结构的演变过程中具有直接的推动作用，清洁生产要实现对产业结构的调整，必须以技术创新为切入点，开展技术范式的研究，拓宽劳动对象，细化与建立新的产业部门，促进生产要素从比较生产率低的部门向比较生产率高的生

21

产部门转移，通过主导产业的有序更替，使农业生产方式从一个阶段迈向另一个新的阶段。

（3）产业关联理论。产业关联是指产业间以各种投入品和产出品为连接纽带的技术经济联系。技术经济联系和联系方式可以是实物形态的联系和联系方式，也可以是价值形态的联系和联系方式，后者可以从量化比例的角度来进行研究。产业关联的纽带是指不同产业之间是以什么为依托联结起来，主要依托方式有：产品和劳务联系、生产技术联系、价格联系、劳动就业联系、投资联系。产业关联方式是指产业部门间发生联系的依托或基础，以及产业间相互依托的不同类型。在社会再生产过程中，产业关联的方式有以下三种：前向关联和后向关联、单向关联和环向关联、直接联系与间接联系（臧旭恒等，2007）。产业部门间通过需求联系与其他产业部门发生后向关联，同时先行产业部门为后续产业部门提供产品，后续部门的产品也返回相关的先行产业部门的生产过程，有符合环向关联的特征。产业关联理论与方法为厘清农业系统内产业关联类型，揭示产业间联系与联系方式的量化比例提供重要研究分析方法。

（4）产业链延伸理论。产业链的实质就是产业关联，而产业关联的实质就是各产业相互之间的供给与需求、投入与产出的关系。农业产业链"是一个贯通资源市场和需求市场，由为农业产前、产中、产后提供不同功能服务的企业或单元组成的网络结构"（王国才，2003）。农业或农产品作为其中的构成环节和要素，并与其他部门和环节发生密切的技术经济联系。构建产业链包括接通产业链和延伸产业链两个方面。延伸产业链是将一条已经存在的产业链尽可能地向上游延伸或下游拓展。产业链向上游延伸一般使得产业链进入到基础产业环节或技术研发环节，向下游拓展则进入到市场销售环节。产业链拓展和延伸的过程中，一方面接通了断环和孤环，使得整条产业链产生了原来所不具备的利益共享、风险共担方面的整体功能；另一方面衍生出一系列新兴的产业链环，进而增加了产业链附加价值（刘贵富等，2006）。

2.2.2 农业清洁生产的内涵

国内很多学者都对农业清洁生产的概念做出了界定，比较有代表性的研究如下。

章玲（2001）较早地提出农业清洁生产的概念，认为农业清洁生产是指既可满足农业生产需要，又可合理利用资源并保护环境的实用农业生产技术。其实质是在农业的生产全过程中，通过生产和使用对环境友好的"绿色"农用品（化肥、农药、地膜等），改善农业生产技术，减少农业污染的产生，减少农业生产和产品、服务过程对环境和人类的风险。史蓉蓉等（2001）研究认为，农业清洁生产是农业可持续发展在农业生产方面的主要表现，是环保净化型的生态农业，它以预防为主，以持续发展为目标，是一项综合预防污染和改善环境质量的双营利性措施。

张秋根（2002）全面地阐述了农业清洁生产的内涵：其一，农业清洁生产贯穿着两个全过程控制，即农业生产的全过程控制和农产品的生命周期全过程控制。其二，农业清洁生产包括三方面内容，即清洁的投入、清洁的产出、清洁的生产过程。贾继文等（2006 年）将农业清洁生产的概念进行了完善，指出农业清洁生产是将工业清洁生产的基本思想即整体预防的环境战略持续应用于农业生产过程、产品设计和服务中，以增加生态效率，要求生产和使用对环境温和的绿色农用品（如绿色肥料、绿色农药、绿色地膜等），改善农业生产技术，减降农业污染物的数量和毒性，以期减少生产和服务过程对环境和人类的风险性。

总之，农业清洁生产是清洁生产理念在农业领域的延伸和拓展，是对污染实施"全程控制"的新型生产管理方法或生产模式，充分体现农业可持续发展的主旨特征；其强调从生产源头到生产过程和生产末端进行综合防治，要求合理安排农业生产结构，逐步减少、不用或尽可能少用化石辅助能源，实现农业废弃物资源化利用和自然资源高效循环利用。

2.2.3 农业清洁生产的特征

首先，农业清洁生产是一种新型的生产方式。农业清洁生产能预防农业污染，降低生产成本，符合农业可持续发展战略的根本要求。农业清洁生产是一种完全区别于传统农业的新型农业发展模式，与传统农业生产方式相比具有如下基本特征，见表2-1。

表2-1 农业清洁生产与传统农业的基本特征比较

基本特征	农业清洁生产	传统农业生产
理论基础	农业可持续发展、农业生态学、产业经济学等	农业生态学、农业经济学理论
经济增长方式	内生型增长	数量型增长

（续表）

基本特征	农业清洁生产	传统农业生产
物质运动方式	资源→产品→再生资源	资源→产品→污染排放
环境影响及治理	环境友好型模式；强调源头预防和全过程控制	牺牲环境为代价；末端治理
资源利用特征	低开采、高利用、低排放	高开采、低利用、高排放
生产技术手段	清洁生产技术，渗透到生产、营销和环保等	常规技术，资源循环利用关注较少
社会发展目标	经济、社会和环境（生态）三者和谐统一	经济利益、资本利润最大化

参考来源：

张贡生. 2005. 循环经济与传统经济的区别及其中国的选择. 中国资源综合利用（2）：26.

闫宇豪. 2007. 循环经济内涵探析. 大庆师范学院学报，27（3）：50~51.

其次，农业清洁生产技术具有准公共产品属性。农业清洁生产技术是介于私人产品与纯公共产品之间的混合产品（mixed goods），又称准公共产品（quasi-public goods）。农业清洁生产技术具有显著的正外部性特征（韦苇等，2004），农户运用安全性、环保型清洁生产技术从事农业生产，能够最大限度地保障农产品产前、产中、产后全程安全和生态环境安全，为保障公众身体健康及改善生态环境做出贡献。政府必须通过政策制度对生态服务提供者给予相应的经济补偿，才能激励生产者的积极性并保障安全农产品足额供给（Wunder，2005；沈满洪等，2004）。

2.3 农业清洁生产技术体系构成

2.3.1 农业清洁生产技术研究进展

20 世纪 90 年代后期，随着我国绿色食品和无公害食品行动计划的相继开展，要求农产品生产过程中使用对环境友好的"绿色"农用化学品，改善农业传统生产方式，减少农业生产和产品、服务过程对环境和人类的风险。因此，探索和实践既可满足农业生产需要，又可合理利用资源并保护环境的清洁生产技术成为国内学者研究的热点。这一时期，国内出现了一大批与农业生产联系紧密，能够有效指导实践的学术研究。

　　首先，在农业清洁生产技术构成方面代表性研究成果。史蓉蓉等（2001）首先对于农业清洁生产的内涵做了高度概括，其次提出了促进农业可持续发展的农业清洁生产措施，特别在技术措施方面较早地提出了推行"化肥农药清洁无公害的施用技术、开发清洁无公害的农用化学品、加强农业综合防治技术、农业废弃物处理与利用技术等"，这些观点为后来学者们开展农业清洁生产技术体系研究提供了参考和借鉴。陈宏金等（2004）研究认为，农业清洁生产的技术体系是由环境技术体系、生产技术体系及质量标准体系构成的技术群，生产技术体系是重点，具体包括：农业生态工程技术、合理的肥料投入和施肥技术、无公害的农药应用技术、生物防治病虫害技术及农业废弃物资源化再生技术。姚於康（2003）分析影响和制约我国农产品清洁生产的主要科技问题是缺乏关键技术的研究，包括：农产品清洁生产的高效及优质种养殖技术、农产品贮运加工技术、农业生态环保工程技术、农业科技推广技术，并提出了推进农产品清洁生产的建设性意见。贾继文等（2006）提出了农业清洁生产的概念并从技术角度提出了推行农业清洁生产的相关措施和途径：一是树立农业清洁生产意识；二是清洁施肥和施用清洁肥料；三是改进地膜的生产与使用；四是积极防治畜牧业污染，加强对畜禽粪便的处理及综合利用。此外，黄涛等（2006）研究认为，循环农业技术的生态构成和方式构成具有互补性，它们共同构成了循环农业的技术体系，循环农业技术构成实际上是将常规农业分散技术按照系统工程的方法结合成一个整体，这为本研究开展农业清洁生产技术体系构成研究提供了可借鉴的思路。

　　其次，分产业清洁生产技术体系构成方面代表性研究成果。廖新俤（2001）对动物废弃物污染的解决途径进行了系统地梳理，认为发展畜牧业清洁生产技术包括以下五个方面：一是畜牧业发展与作物生产相结合，从整体上安排农牧生产，达到资源互补和废物的资源化利用；二是以自身持续运转的高效生产单元（生态系统）为基础，使动物废弃物合理返还土地并为作物有效利用；三是从排污、纳污、废物处理与无害化、资源化利用等整体因素出发合理规划畜牧场；四是把环保配方、选育和普及优良品种与扩大高效畜群作为今后发展畜牧业清洁生产技术的主要措施；五是注重研究动物生产中新技术、新方法。熊文兰（2003）从种植业生产的产前、产中、产后及改善管理来探讨种植业清洁生产技术。产前主要进行品种选育技术，产中包括节水节肥的综合管理技术、生物防治病虫草害技术、无公害农药应用技术及有机物循环利用技术等，产后推行作物秸秆氨化技术、污水自净工程技术。

2.3.2 农业清洁生产技术体系框架

近年来，全国各地运用工业清洁生产理念，结合区域农业优势条件，开展了广泛的农业清洁生产技术实践。各地赋有创新性的生产实践为构建完善的农业清洁生产技术体系，并探索新型农业清洁生产技术模式提供了基础和依据，也为农业清洁生产技术体系构架研究提供了新的思路和要求。

当前，农业清洁生产技术模式在我国的广泛实践证明，采取环境友好型生产方式和技术模式对于实现农业的可持续发展，改善农业及农村生态环境，加快农业的产业化进程作用巨大。其一，农业清洁生产技术以新模式、新理念推动并促进农业各产业的发展。农业清洁生产在具有新质的技术创新的基础上，实现可再生资源对不可再生资源的替代，低级资源对高级资源的替代，以及物质转换链的延长和资源转化率的提高，从而实现农业产出增长、经济效益提高与农业生产潜力保护、农业生态环境改善的有机统一。其二，农业清洁生产技术以新工艺、新方法实现农业面源污染的源头预防和过程控制。农业清洁生产从清洁的原料、农用设备和能源的投入，到采用清洁的生产程序、技术与管理、尽量少用（或不用）化学农用品，直至产出安全健康清洁的农产品及加工品，力求最大程度地降低整个农业生产活动给人类和环境带来的风险。

本研究对于国内学者的研究成果和经验进行概括和凝练，充分考虑到农业清洁生产技术在推动农业产业化发展及农村清洁家园建设的重要作用，并以此为技术体系构架研究的切入点，将农业清洁生产技术体系划分为生产过程控制技术、生产模式模拟技术、产品安全保障技术及宏观调控政策干预四个组成部分的 12 种技术类型，如图 2-2 所示。

2.3.3 农业清洁生产技术基本类型

2.3.3.1 生产过程控制技术

农业清洁生产过程控制技术广义地说包括：产前控制技术、产中控制技术和产后控制技术三大类。我国传统的大农业产业体系是由种植业、畜牧业、水产业及农产品加工业四大产业构成的，因此本研究拟从种植业清洁生产技术、畜牧业清洁生产技术、水产业清洁生产技术和农产品加工业清洁生产技术体系四个方面进行归类总结，如图 2-3 所示。

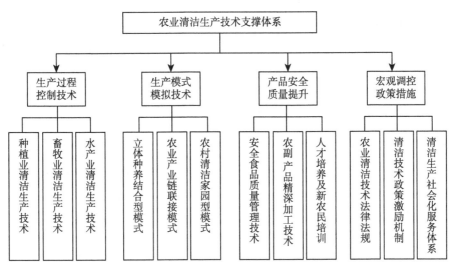

图 2-2　农业清洁生产的技术支撑体系

参考资料：

王建国，崔守富，时泽远. 2003. 绿色食品发展科技支撑体系. 农业系统科学与综合研究，19（4）：271~277.

吕小荣，努尔夏提·朱马西，吕小莲. 2004. 我国秸秆还田技术现状与发展前景. 现代化农业（9）：41~42.

黄涛，陈文俊. 2006. 论循环农业的技术构成. 湖北经济学院学报（人文社会科学版），3（9）：34~35.

图 2-3　生产过程控制技术体系构成

（1）种植业清洁生产控制技术体系。种植业通常指栽培农作物以取得植物性产品的农业生产部门，在整个农业中占有特殊重要的地位。种植业清洁生产技术体系构成包括以下三个方面。

一是产前控制技术。①种植制度的优化和调整。种植制度的优化和调整技术应包含四部分内容，即作物种植结构与布局调整、作物种植次数选择、作物种植方式改变以及完善配套技术措施等。②产地环境质量调查与评价（何容信等，2008）。根据产地环境特点，重点调查产地环境质量现状、发展趋势及区域污染控制措施，兼顾产地自然环境、社会经济及工农业生产对环境质量的影响。③良种繁育及种子检验技术（范业春等，2008；段乃彬等，2006）。建立和完善三级良繁体系，实施规范化的农作物种子生产技术规程，加强管理和监督。④种子精选加工和包衣技术（向秋，2010）。种衣剂是由杀虫剂、杀菌剂、微肥、激素及色素等多种成分组成。具体做法是将农药、微肥、激素、粘合剂等通过特定的加工工艺融为一体，涂在种子表面形成一层薄膜。

二是产中控制技术。①节水节肥综合管理技术体系。重视以生物和农艺、农机措施为主的田间节水措施，重点加强工程、设备、农艺和管理等措施在田间的集成创新，建立"蓄—集—保—节—用"综合节水技术体系。②生物防治病虫草害技术。利用轮作、间混作等种植方式控制病虫草害；利用动物、微生物治虫、除草；利用生物试剂替代农药防治病虫草害技术。③无公害农药合理施用技术。优先使用农业措施，物理措施，生物措施，科学使用高效低毒、低残留农药。选择使用合理的剂型和施药方法，交替用药（姜永莉，2009）。④防治残膜污染技术。鼓励开发"绿色农膜"；大力推广适期揭膜技术；鼓励农膜的回收利用，采取人工和机械回收相结合的措施，加大残留地膜回收力度，减少农膜环境污染。

三是产后控制技术。①秸秆还田技术。秸秆还田能有效地增加土壤有机质含量、改良土壤、培肥地力，尤其是以覆盖还田效果最为显著。秸秆还田的主要方法有以下四类：一是机械直接还田，可分为粉碎还田和整秆还田两种。二是覆盖栽培还田，可有效缓解气温激变时对作物的伤害。三是堆沤腐解还田，采用高温、密闭等条件下腐解秸秆，可减轻田间病虫草等危害。四是过腹还田，就是将作物秸秆作为家畜饲料，通过家畜消化吸收，以粪尿形式归还土壤（尹承昌等，2004；吕小荣等，2004）。②作物秸秆氨化技术。作物秸秆的氨化技术是用含氮源的化合物（液氨、氨水等）在一定条件下处理作物秸秆，使其更适合草食畜牧饲用的方法。提高其营养价值的方法主要有三种：一是物理方法，包括切短、粉碎、蒸煮、膨化等。二是生物法，包括青贮和用降解纤维素、半纤维素、木质素的微生物进行发酵生产单细胞蛋白等。三是化学法，包括碱化、氨化、氧化、酸化、钙化等（卞有生，2000）。

（2）畜牧业清洁生产控制技术体系。畜牧业清洁生产控制技术体系构成包括以下3个方面。

一是产前控制技术。①养殖场选址及规划。畜禽养殖场的选址应远离人口稠密区；远离环境敏感区，如水源区、河流上游地区、自然保护区、旅游区等。选址应在有一定的坡度和排水良好的地方。设计养殖场的厂房时，应充分考虑环境条件，要做到畜禽废物的综合利用、污水治理和养殖场设施同时设计。②法规制度及政策管理。畜禽养殖场污染的防治和监督必须依靠相关的法律法规，对畜牧业企业生产执行"三同时"制度、排污许可证制度等，明确限定饲料中添加剂的使用，畜禽废物的收集、存储、处理方法及再利用时 N、P、K 的使用量。对畜牧场污染的排放，严格控制 BOD、COD 的浓度，使畜牧业污染防治走向科学化、系列化、无污染化（孙守琴等，2004）。

二是产中控制技术。①节约用水，减少污染物排放。前者主要取决于禽畜的品种、饲养方式及饮水设施，尤其是饮水设施不同，造成的放、流、跑、漏、渗水量不同，而后者则取决于不同的清粪方式。因此，采用科学的饲养方式及合理的饮水设施，可减少用水量，减少浪费，采用干湿分离技术，可大大降低污物产生量，降低污染负荷。②改善饲料结构，采用合适的饲养方式，降低环境污染。采用科学饲养、科学配料、应用无公害的绿色添加剂，可提高畜禽饲料利用率，尤其是氮的利用率，降低畜禽排泄物中氮的含量及恶臭味。但在使用添加剂时，应选择微生物、低聚糖等无公害饲料添加剂，以保证畜产品安全和无公害。分阶段饲喂，即用不同养分组成的日粮来饲喂不同生长发育阶段的畜禽，使日粮养分更接近畜禽的需要，可避免养分的浪费和对环境的污染。

三是产后控制技术。①畜禽固体废物的处理技术主要包括：物理技术、化学技术、生物技术和生态技术。目前最常用的是生物技术中的发酵技术和堆肥技术，发酵技术又分为好氧发酵和厌氧发酵。厌氧发酵技术主要是用于沼气的生产，也称沼气发酵技术。堆肥技术是利用微生物分解粪便中对作物不利的物质，是好氧发酵的一种。②畜禽场污水的处理技术。污水处理技术按其基本原理可分为物理处理法、化学处理法、物理化学处理法和生物处理法等。处理过程一般包括固液分离、沉淀池沉淀、酸化调节池和厌氧池的处理。目前大型养殖场污水处理系统主要有固液分离与理化处理系统、厌气池发酵处理系统、土地处理系统等。③臭气的控制技术吸附及吸收法。在养殖场，常用的方法是向粪便或舍内投放吸附剂来减少气味的散发。常用的吸附剂有沸石、膨润土、海泡石、硅藻土、锯末等。其中，沸石类能很好地吸附 NH_4 和水分，抑制 NH_4 的产生和挥发，降低畜舍臭味。

（3）水产业清洁生产控制技术体系。由于水产业清洁生产技术只适用于南方水网区和沿海地区，该类技术的专业性强、适用范围不太普遍，本研究不作为重点介绍。

2.3.3.2 生产模式模拟技术

（1）立体种养结合型模式。种植业与养殖业具有互补性和兼容性，通过对传统农户的扶植再造，让农民从事种养两业复合型产业。该模式的主要特征是农户在各自承包的田边地头开展养殖活动。例如，在林地果园中养鸡、养猪、养牛、养羊，在稻田里养鸭，在玉米地里放牧养鸡。这样农户可以利用自家耕地（林地、草地）种植饲草饲料，把小型规模化养殖活动安排在田间林地里，饲草饲料不但可以就近饲喂，牲畜粪便也可就近施入农田，把种植业与养殖业有机组合在一起。

实行种养结合模式的意义体现在三个方面：一是降低生产成本。种养结合用农家肥替代化肥，减少化肥使用量，从而降低了农户的种粮成本及种养两业分离导致的过高交易成本，提高农民生产的积极性。二是提升产品附加值。农户实行种养结合，畜禽粪便变废为宝得到资源化利用，实现低成本环保治污。这种环境友好型生产方式，为获得绿色及有机农产品，提升农副产品附加值提供了品质支撑。三是低成本防治养殖污染。种养结合就是把种养活动结合在每个农户中，结合在每块农田里，结合在每片果园林地中。这样，养殖活动就从农民的庭院里迁移出来，不再污染村庄庭院环境，解决了养殖垃圾对村庄庭院的污染问题，有利于建设村容整洁的新农村（张振武，2008）。

（2）农业产业链联接模式。农业产业链是农业产业部门依据一定的经济技术要求和前、后向的关联关系，连接形成的链条式集合的新型空间结构（刘贵富等，2006）。本研究认为农业产业链条是由种植业、畜牧业、林业、渔业、农产品加工业、生物质产业6个产业部门构成。其中，农产品加工业和生物质产业是农业产业链的必经节点及必要环节，其余4个传统产业部门进行有规律地组合，构成农业产业链的网络形式。

本研究将农业产业链的网络形式划分为以下六种类型。①种植业+畜牧业+加工业+生物质产业；②种植业+渔业+加工业+生物质产业；③种植业+林业+加工业+生物质产业；④畜牧业+渔业+加工业+生物质产业；⑤畜牧业+林业+加工业+生物质产业；⑥渔业+畜牧业+加工业+生物质产业。

上述六种类型中的①、②、③这三种类型表示种植业处于农业产业体系的主导地位，种植业是整个产业链条的起点和终点，它为畜牧业、渔业等产业部门提供原材料，生产关联度比较强的优势农产品。其中④、⑤两种类型表示畜牧业处于农业产业体系的主导地位，畜牧业为农业其他部门提供的主要是饲养动物的排泄物和废弃物，还可以提供农业、林业和渔业生产所需要的动力。⑥这种类型表示渔业处于农业产业体系的主导地位，或者可以直接用作饲料，或者在加工后作为饲料，渔业的发展对畜牧业的发展具有很大作用。

（3）农村清洁家园型模式。农村清洁家园型模式包括庭院型清洁生产模式和村镇型清洁生产模式两种。①庭院型清洁生产模式。该模式以构建家庭内部种植—养殖—家庭生活循环链为主，目的是以资源化和减量化解决产生的固体废物、生活污水。在庭院循环体系中以"堆沤肥、沼气或生态旱厕"为纽带，把养殖—沼气—堆沤肥—种植—农民生活5个不同的子系统组合成为一个有机的物质能量循环体系。该模式适用于以家庭承包责任制为经营主体的广大农村和农民。②村镇型清洁生产模式。该模式是在庭院型清洁生产模式的基础上，结合村镇一级农村环境整治，将农户生活垃圾中现阶段无法堆肥使用的少部分垃圾由村镇集中收集，送卫生填埋场，进行无害化处理，农户生活污水集中收集至村镇生活污水处理厂处理后进入农田灌溉系统。该模式可以处置大量外来养殖业废物，生产高效有机肥，可以明显减少农药、化肥投入，同时也减少了对水体的污染。该模式是家庭型循环经济模式的升级，并适用于以家庭承包制为经营主体的广大农村。

2.3.3.3 安全管理操作技术

安全管理操作技术包括安全食品质量管理技术、农副产品精深加工技术和人才培养及新农民培训三个方面。

（1）安全食品质量管理技术。加强标准化法规的制定和质量认证工作的领导，推行用高标准建立强有力的食品质量管理机构，推行食品GMP制度和质量认证（ISO9000）制度，健全HACCP（Hazard Analysis Critical Control Point，危害分析关键控制点）质量管理系统；完善食品监督体系，强化质量监督（王建国等，2003）。

（2）农副产品精深加工技术。农产品深加工、贮藏、检测技术体系是指能够提高农产品中蛋白质资源、植物纤维资源、农副产品生物活性成分的开发利用技术、粮油深加工增值技术，有效减少储粮损失的综合配套技术，农特产品贮运、保鲜及加工技术，以及新兴农产品质量标准和控制体系的技术总称（韩德乾，2001）。

（3）人才培养及新农民培训。通过高校、研究机构等相关重大项目的实施，加速高级人才的培养工作。建立省级绿色食品专家咨询系统和人才库，通过各省地（市）县各级科委和农业推广部门，采取多种途径，加速对各级农业技术人员的培训，并逐步通过他们加强对广大农民的宣传与技术培训工作（李正明，1999）。

2.3.3.4 宏观调控政策措施

宏观调控政策措施包括农业清洁技术的法律法规、清洁技术补偿及激励政策、清洁生产社会化服务体系建设3个方面。

（1）农业清洁技术的法律法规。我国曾于2002年6月和2008年8月先后颁布了《中华人民共和国清洁生产促进法》和《中华人民共和国循环经济促进法》，目前亟待完善环境立法，建立国家清洁生产的技术规范，拟定新的化肥和农药管理法律法规，鼓励能够减少面源污染的化肥和有机肥的生产和使用，建立我国有机废弃物排放的法规，有效控制规模化养殖场牲畜粪尿的排放（徐晓雯，2006）。

（2）清洁技术补偿及激励政策。近年来国家为鼓励发展农业清洁生产，已经推出了一系列较为完善的粮食直补、良种补贴、农机具购置补贴和农资综合直补等补贴政策。目前，亟待改革现有的农业补贴方式，将农业的支持与环境保护进行捆绑，逐步将农业补贴转化为农业污染补贴。国家及地方各级政府设置一些强制性条件，要求受补贴农民必须自觉地检查环保行为，再根据农民的环境保护实际核查情况；建立一套清洁生产技术补偿机制，包括补偿对象、补偿方式、补偿环节和补偿标准等具体内容。

（3）清洁生产社会化服务体系建设。政府一方面为采取清洁生产技术的农户提供各种信息服务，包括：①通过电视、广播、报刊等媒体播发真实的市场信息，消除消费者的恐慌心理，正确引导消费；②分月度、季度对消费品市场和生产资料市场进行综合分析，并发布年度消费品市场、生产资料市场、流通产业、批发业、零售业发展报告；③提供详细的零售网点、批发网点、服务业网点、新建商业网点的数量及分布等。另一方面，优化发展，加大政策扶持力度。争取和充分利用现有的财政、税收、金融、保险、补贴等各项扶持政策，综合运用贷款贴息、投资补助和以奖代补等手段，加大对农业社会化服务体系建设的关键领域、薄弱环节和提高自主创新能力的支持。

3 技术评估与技术补偿的内涵和关系

3.1 技术评估的内涵与特征

3.1.1 技术评估的内涵

3.1.1.1 技术的定义

综观国内外关于技术概念的理解及技术本质的定义，大致归纳为以下四种观点：一是技术的工具论，把技术看作人类实践活动中所使用的各类工具的发展、制造及其有意识的运用，是人体器官的延伸和投影（贝尔纳·斯蒂格勒等，2002；让伊夫·戈菲，2000）。二是技术的知识论，认为技术是一种关于"怎么做"的知识体系，技术知识也就是一种工具或者对物质工具的知识表达（张弘政，2005；陈文化等，2001）。三是技术的人类行为论，认为"技术是人类的活动，是一种人类行为，一种文化活动（马会端等，2003）"；技术是特定的人、物质、能量、信息、社会文化的瞬间互动（倪钢，2004），是人主导的运动系统，表示人对于运动具有激发、引导、支配作用（陈世军，2008）。四是技术的整合论，认为技术是为某一目的共同协作组成的各种方法、工具和规则的体系（丁俊丽等，2002）；是人类能够按照自己意愿的方向来利用自然界所储存的大量原料和能量的技能、本领、手段和知识总和。

据此，国内学者更加深入剖析技术的定义及内涵认为，技术是指人类为了某种目的或者满足某种需要而人为规定的物质、能量或信息的稳定的变换方式及其对象化的结果（杨开城等，2007）。其中，完成物质、能量变换的技术是物质技术；完成信息变换的技术是知识技术。由此，不难理解技术被定义成一种变换方式以后，技术应用的结果将是所有物化形态的最终变化效果（效应）；因此，技术产品的基本概念框架为"结构—功能—效应"。同时，本研究秉要执本认为，技术本质最根本特征是人与自然和社会的能动关系（刘同舫，2006），是人类为满足自己生存需要而对外部世界进行的能动性改造。

3.1.1.2 技术评估的内涵

（1）评价与评估。评价（Evaluation）泛指衡量人物或事物的价值，本质上是一种价值判断，是对客体满足主体需要程度的判断。评价就是对一定的想法（ideas）、方法（methods）和材料（material）等在量或质的记述基础上所进行的价值判断过程，是一个运用标准（criteria）对事物的准确性、实效性、经济性以及满意度等方面进行评估的过程。评价者（Evaluators）根据评价标准进行量化和非量化的测量过程，最终得出一个可靠的并且逻辑的结论服务于生产及社会需要（评价词条，2015）。

评估（Assessment）是指依据某种目标、标准、技术或手段，对获取的信息，按照一定的程序，进行定性定量的分析、研究，判断其效果和价值的一种活动。评估不仅含有评价含义，即为相互联系的事物确定等值比率，而且评估具有认识事物本身特征、属性、联系、运动的含义，还具有估计事物运动趋向、运动结果的含义。评估的结果可以是定量形式，也可以是定性形式。评估结论以评估报告等书面材料的形式提交，通常是对评估对象的价值或所处状态的一种意见和判断。由于这种意见和判断，建立在对评估对象的技术可能性、经济合理性的充分地、客观地和科学地分析过程基础之上，因而能给相关部门或单位提供可靠的参考依据（陈世军，2008）。

总之，评估与评价既有区别又存在联系，评估包含评价，评估的外延明显大于评价外延。评估是人们认识事物的整体属性、运动规律及运动结果的探究、判断及确定的过程，评估的结果可以是数值形式，也可以是独立事物本身。评价是人们为相互联系的事物确定价值的判断过程，评价的结果必须是数值，并以量规作为真实的评价工具（陈世军，2008）。

（2）技术评估的概念。技术评估（Technology Assessment）就是充分评价和估计技术对技术的性能、水平和经济效益及技术对环境、生态乃至整个社会、经济、政治、文化和心理等可能产生的各种影响，在技术被应用之前就对它进行评估，进行全面系统分析，权衡利弊，从而做出合理的选择的方法。技术评估通常着重于研究该技术潜在的、高次级的、非容忍性的负影响，设法采取对策、修正方案或开发防止和解决负影响的技术（技术评估词条，2015）。

技术评估是人对技术对象所进行的评估活动。在技术评估活动中，评估主体认识评估客体（技术），掌握技术组成结构、属性、联系和运动过程等方面特征，以评估主体确定的标准、规范为目标或尺度，衡量价值、效益，明确技术发展可能远景，确定行动可能性或顺序。因此，技术评估是解决技术社会发展问题的方法和决策活动，也是新兴的管理技术和政策科学，具有多重价值观以及跨学科和预测性质。

（3）技术评估的内容。技术评估的必备因素包括评估者、技术对象、评估理论方法、评估标准和评估报告 5 个因素。技术评估工作包括 5 个步骤：①确定技术对象；②确定评估目标及评价指标；③收集获取信息数据；④计算、分析调查数据；⑤形成评估报告。评估的主要内容包括两个部分：一是针对某项技术或为解决某一问题而设计的方案和提出的政策，主要包括：考察采用或限制该技术时将引起的广泛社会后果，全面充分地调查分析技术应用可能产生的正负影响特别是非容忍影响，建立综合评估指标体系。二是研究相应于上述技术采用社会后果的政策选择，主要包括：拟定法律、税收或优惠政策，实施控制或禁止，以达到趋利避害的目的。评估工作流程如图 3-1 所示。

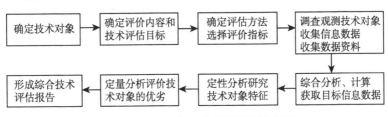

图 3-1　技术评估工作主要步骤流程图

3.1.2　技术评估的特征

结合国内主流学派的观点，本研究认为技术评估具备以下四方面特征。

（1）系统性。技术评估不仅关注技术开发带来的利益，更重视那些潜在的、高次级的、不可逆的消极影响。技术评估要综合地评价技术在经济、政治、社会、心理、生态等非全面影响，评估的目标是社会总体效益的最佳化。

（2）中立性。所谓中立性，就是要求把评估与直接制定政策的权力和职责分开，要求评估人独立于该技术项目负责人和参与人的利益。只有坚持中立性，才能摆脱主观因素的影响；做到以科学分析为依据、以总体利益为目标，保证评估结论的客观公正性。

（3）跨学科性。技术评估设计到技术应用的广泛的社会后果和政策选择，其中包括社会、经济、技术、生态等一系列问题，以及它们之间的相互关系。进行技术评估，不仅要有与该技术有关的专家参加，还要有其他学科专家参加，包括社会学家、伦理学家、生态学家、法律学家乃至社会公众参加。

（4）批判性。技术评估在本质上是批判性的，是对技术的社会的、伦理的批判承认。技术具有两重性，核心技术表现出的积极的直接的社会效应是技术专家们预料之中的或在项目论证时已考虑到的，而其消极的、间接的、出乎预料的负效应则不易被认识。技术评估的重点在于预测新技术的消极的、间接的、出乎预料的负效应。这是技术评估批判指向的重点，可以为社会提供一个早期预警系统。

3.1.3 技术评估的方法

技术评估工作是在一定的政治和组织环境下，系统地调查旨在改善社会环境和条件的社会干预项目的绩效。技术评估的中心任务就是建构与项目绩效有关的、可以与一定的标准进行比较的、有效的描述。因为社会项目是有组织的社会行为，所以社会研究方法称为技术评估最有效和可靠的方法（彼得·罗希等，2007）。

社会研究方法具体分为方法论、基本方式、具体方法与技术 3 个层次。

（1）方法论。方法论是进行研究的基本原则和指导思想。各种方法论对社会研究的影响，因时间、问题不同而深浅各异。一般社会研究中，更倾向经验论、实证主义和归纳法。

（2）基本方式。基本方式有实验研究、统计调查、实地研究和比较研究。

实验研究。指在实验室对相关变量进行控制和操纵条件下，对假设进行检验的方法。

统计调查。指按照统计学的原则，通过搜集、整理和分析社会现象的数量资料，概括大量社会现象的共性和变化规律的方法。

实地研究。对生活在特定地域的人们的行为、态度等进行系统考察的方法，常用于搜集定性材料。统计调查与实地研究是社会研究中运用最广泛的方式。

比较研究。指对一个或多个社会的某些社会现象进行比较，探求其异同的方法。

（3）具体方法与技术。具体方法与技术分为搜集资料的技术和分析资料的技术。

搜集资料的技术。主要有直接观察、询问和文献法 3 种类型。其中，询问技术包括心理测验中的自由联想法、态度量表法、深入访谈法、半结构和结构式访问法等，而结构式访问已发展成为广泛应用的问卷法。问卷调查最常见的测量工具有观察记录卡片、访问表、问卷、调查表，以及各种测验试卷等等。

分析资料的技术。主要以定量的统计分析为主。统计分析除描述统计和推断统计外，更重要的方法是多变量分析和非参数统计。由于电子计算机的运用和统计技术的发展，在社会研究中采用了模拟技术。

3.1.4   社会研究的步骤

如前所述，有效的分析基于适当的研究设计，而适当的研究设计侧重于定量的测量。社会研究是一个由互相联系的相关步骤组成的完整过程，基本步骤大致相同，具体包括 5 个步骤。

第一步：选择研究课题和建立假设。这是科学研究的第一要素，指出研究的方向及研究的内容。

第二步：制定研究方案。这是研究进程的蓝图，包括选择研究类型和研究方法，制定抽样方案，设计调查表格或调查大纲，确定分析单位和资料分析方法，对研究的时间、地点、人财物力的安排等。

第三步：搜集资料。这是研究的基础工作，实施已拟定的研究方案，进行实地调查或文献收集。

第四步：整理与分析资料。这是研究的核心工作，首先是对所获资料进行检查、核实，并对错误和遗漏加以修正、补充，然后将其分类编码；其次再进一步综合简化数据资料；最后运用定量分析及定性分析的方法，根据数据分析结果，揭示事物或现象的本质及内在规律。

第五步：解释资料与提出研究报告。运用归纳法、演绎法、类比法以及一般的推论方法对结果做出推论和概括，同时说明研究的理论价值与应用价值，并说明研究中存在哪些问题，哪些问题尚未解决，以及进一步研究的重点（巴比，2009）。

3.2　技术补偿的内涵与特征

3.2.1　技术补偿的内涵

技术补偿是生态补偿的重要组成部分，生态补偿的实质是一种政策机制，是在政府指导下，运用市场机制，在环境利益相关者之间制定和执行的有利于环境保护的经济政策。生态补偿包括对自然资源破坏的补偿和对人们环保行为的补偿两个方面，农业清洁生产技术补偿即对人们采纳环保生产技术行为的补偿，是指政府通过经济激励手段，鼓励由于保护生态环境及参与环保建设而丧失发展机会及经济利益的农户（个体经营主体），给予经济或政策的奖励及优惠。

3.2.2　技术补偿的特征

本研究针对农业清洁生产技术补偿特征总结如下。

（1）指导性。技术补偿是由政府为推广农业清洁生产技术对采纳技术农户实行的优惠政策，包括：资金补偿政策、市场准入政策、教育培训政策等，这些政策都能有效激发农户的环保动力和生产积极性，引导农户逐步改变传统的生产方式，主动应用清洁生产技术。

（2）跨学科性。技术补偿的主旨是运用经济手段进行环境管理，把环境问题作为经济问题来对待，分析环境问题的经济本质并提供有效率的政策选择。技术补偿综合运用定性与定量相结合的研究方法，将计量经济学模型与归纳演绎紧密结合，并将农业经济学、生态经济学、环境经济学、资源经济学、行为经济学等多学科相互交叉、融合，探索形成解决社会问题的定性与定量相结合的综合集成方法。

3.3　技术评估与技术补偿的关系

3.3.1　政治意涵和服务对象的统一性

技术评估是在一定政治背景下的理性活动，凡是要求进行评估的项目和政策，都是政策决策的产物。可见，评估都是为了满足决策的要求，评估报告最终要进入决策领域。评估本身的特点和目的决定了其具有政治意涵，它是为了服务于某项政治陈述或政治主张，使得项目的目标和合法性、战略性得以实现的有用的社会活动（彼得·罗希等，2007）。

技术补偿是政府为推广农业清洁生产技术而制定的农业补偿政策。根据农业产业分类划分，农业清洁生产技术补偿涉及到种植业、畜牧业、林业、渔业等四个主导产业部门。从我国目前农业清洁生产示范项目进展来看，种植业清洁生产技术服务类的示范项目数量最多、支持力度也最大；从当前实施的农业支持保护补贴政策来看，种粮直补、良种补贴及农资综合补贴大部分是服务于种植业生产领域。种植业生产离不开基本农田，农田清洁生产技术是在大田农作物种植整个过程中，有利于资源节约利用、化肥农药减施、废弃物循环利用及农田环境质量改善及农产品质量提高的各项新技术、新农艺及新工程。因此，本研究将农田清洁生产技术作为研究对象，开展农田清洁生产技术补偿政策的评估理论与方法研究。

3.3.2 辩证逻辑中事物本质的一致性

3.3.2.1 技术评估与技术补偿的辩证关系

技术评估与技术补偿的辩证关系体现在三个方面：①技术补偿是技术评估的基础，技术补偿对于技术评估具有决定作用；②技术评估对于技术补偿具有反作用，科学的技术评估对技术补偿具有积极的指导作用，错误的理论则有阻碍作用；③技术评估和技术补偿是相辅相成、缺一不可的，评估与补偿之间具有内在的辩证关系。

3.3.2.2 技术评估对技术补偿的指导作用

本研究对技术评估与技术补偿政策指向的对应关系及实现的方法途径进行总结。

从表3-1可知：①技术评估从项目需求、项目设计、项目实施、项目影响、项目绩效等五个项目维度，抓住了技术性能的本质，探明了技术应用各个要素内在的必然联系，反映了农田清洁生产技术发展规律，能够预见代表先进生产方式的农田清洁生产技术发展的趋势，以及未来应用和改革的方向，从而指导人们的生产实践。②技术评估提供了科学的技术价值评价方法，提高人们的认识能力，给受众探求技术补偿政策干预的性质和效果提供科学的认识工具，并对增进社会科学知识做出贡献。

表3-1　技术评估与技术补偿政策指向的对应关系

项目维度	评估内容	政策指向	方法途径
项目需求	技术推广存在的问题、出现问题的关键节点或主要环节	补偿政策的障碍、解决问题的切入点或抓手	问卷调查、文献资料、实地调研
项目设计	技术补贴政策干预的对象	补偿对象（补偿客体）	收集、分析资料
项目实施	干预活动实施效果、预期服务水平	补偿政策的有效性及效能	收集、分析资料
项目影响	对环境、生态及社会的正负向的影响	补偿政策机制影响机理	整理调查资料、定量分析及定性分析
项目绩效	项目的成本与项目绩效的价值判断	补偿标准的评价及参考	整理调查数据、计量经济统计方法

3.3.2.3　坚持技术评估与技术补偿相结合

技术评估所反映的是技术应用的本质特征和发展规律，是共性的东西，而农田清洁生产技术本身是千差万别的，各地自然资源禀赋不同、农业生产条件各异。因此，必须对具体情况进行具体分析，把技术评估理论与各地的技术补偿项目实践有机地结合起来，做到理论和实践的具体统一。任何技术评估理论都是在一定的历史条件及社会背景下产生的，新技术、新工艺是不断发展、变化的，技术补偿政策也是发展的。因此，技术评估一定要随着补偿政策的发展而发展，以符合农业生产方式变化的客观要求，做到理论和实践的历史统一。

总之，技术评估为补偿政策的实施提供理论指导和实证依据，为发挥政策干预的效力，实现预期目标和绩效，提供具有说服力的行动方案和对策建议。技术评估必须和技术补偿相结合，一方面，技术补偿只有在技术评估理论的指导下，才能有效引导环保生产行为，达到改变生产方式的目的；另一方面，技术评估只有同技术补偿相结合，才能得到检验和发展，才能变为物质生产力。因此，再好的技术评估如果不和技术补偿相结合，也是毫无意义的。

3.3.3　形式逻辑中事物自身的等同性

形式逻辑是在"质"的规定不变的情况下，对"质"的同态性表述。它反映的是事物的"像素"，是量的积累。也就是说，形式逻辑的推演表现的是事物自身的等同性，即在推演的过程中，事物的质的规定不能从一种质的规定变化为另一种质的规定。尽管技术评估与技术补偿是两个不同的研究领域，但两个领域所涉及的具体思维对象是相同的，都是对技术应用的价值进行评估。由于两个领域的具体思维都需要应用共同的思维因素，所以两个领域具有相同的思维形式和思维内容。

技术评估与技术补偿两者是相辅相成、相互统一的，评估与补偿不过是从两个不同的角度描述技术应用价值同一个事物。技术评估是从社会科学的角度，为揭示和探明技术应用的影响机理和项目效率而开展的研究工作，通过技术本身优点和价值的判断获得项目改进的预期结果。技术补偿是从实践应用的角度，为推广和鼓励某项技术应用而采取的手段和措施，也是通过技术应用的价值评价确定合理的补偿标准以对参与者进行政策干预。

由此可知，技术评估与技术补偿从学术层面来看，其实质都是应用社会科学研究方法，对某项清洁生产技术应用价值进行的定性及定量化分析、评价和判断，两者研究的基本逻辑、内容、方法及目标是完全吻合的。因此，本研究遵循技术评估与技术补偿内在统一的自然规律，基于技术补偿领域更丰富和广泛的实证研究成果，开展农业清洁生产技术补偿的理论基础与实证研究，以期从微观层面上深入解析技术应用行为意愿影响机理，寻求外部性问题内部化进行解决的方法和路径。

4 理论基础、研究方法与研究进展

4.1 农业生态补偿理论与实践

4.1.1 农业生态补偿的理论基础

4.1.1.1 农业生态补偿必要性及内涵

农业是国民经济的基础，在世界各国发展历程中普遍表现出较强的弱质性（徐祥临，1997）。究其原因，农业生产极易受自然力、市场及政策的影响，具有高风险性；主要农产品的需求价格弹性很小，价格浮动很难改变农产品需求刚性；农产品的需求收入弹性小，在市场上与其他产业竞争必然产生"外溢效应"（任大鹏等，2005）。为弥补"市场失灵"导致农业发展困境，政府采用补贴手段扶持农业生产、流通、贸易等环节发展，既体现真正意义的公平，又是政府公共职能的重要标志（吴贵平，2003）。因此，世界各国政府普遍通过各种补贴提升农业市场竞争力。

国际社会普遍遵循的生态补偿指导原则是 1972 年经济合作与发展组织（OECD）提出的污染者付费原则（Polluter Pays Principle，PPP），1994 年由 Brown 提出的"谁受益，谁付费"原则（Beneficiaries Pay Principle，BPP），以及同年 Blochliger 提出的"谁保护，谁受益"原则（Provider Gets Principle，PGP）（Brown G.，1994；Blochliger H-J，1994）。本研究认为，农业生态补偿是生态补偿涉及的重要领域，在指导农业生产中应遵循"谁保护，谁受益"（PGP）的原则。尽管，国内外至今未统一界定农业生态补偿概念，但作为一种推进农业生态环境保护和农业资源合理开发利用的政策手段，类似于 WTO 农业补贴政策的"绿箱"政策，是依靠政府机构推动的，运用行政、法律、经济手段和技术、市场措施，对保护农业生态环境和改善农业生态系统而牺牲自身利益的个人或组织进行补偿的一种制度安排（张铁亮等，2012）。

4.1.1.2　农业生产的经济外部性特征

外部经济是指一些人的生产或消费使另一些人受益而又无法向后者收费的现象。韦苇、杨卫军等研究认为，农业生产的正外部性体现在两个方面：一是农业为人类提供具有直接使用价值的农林产品，其价值可以在市场交换中体现；二是农业生态系统在提供农林产品的同时完成生态系统的服务功能，如美化环境、调节气候、休闲娱乐等（韦苇等，2004）。农业所提供的生态服务价值（间接使用价值）及留给后代的选择价值和遗赠价值，惠及整个社会，而无须为此付出费用。因此，农业为社会各部门的发展带来额外收益，为国民经济发展做出重要贡献，具有正外部性特点。杨壬飞、王洪会等提出农业活动的负外部性现象，体现在不合理的农业耕作方式、农用化学品投入等带来的水资源污染、土壤结构破坏、生物多样性消失等环境问题（胡帆等，2007；杨壬飞等，2003）。农业生产的经济外部性特征，使政府可以采取补贴经济政策，实现外部效应的内部化，补偿行为者的损失。

4.1.1.3　农业生产技术的准公共产品属性

农业清洁生产技术是介于私人产品与纯公共产品之间的混合产品（Mixed Goods），又称准公共产品（Quasi-Public Goods）。由于在有限的资金支撑和推广服务范围内，清洁生产技术生产和消费的"拥挤程度"存在变化，即可以消费农业清洁生产技术的农户数量有限，每增加一个消费者的边际成本不为零，从而限制了技术在其他农户的消费。赵邦宏等（2006）基于农业技术公共产品特征分析提出，"准公共技术"在推广实践中应采取市场机制与政府调节相结合的方式，对于技术应用发生的外部"负效应"，由政府向技术用户征收一定费用，补偿那些受"外部负效应"影响的农户；而对于发生的外部"正效应"，政府向未采用技术的其他受益者征收一定费用补偿技术用户本人。此外，政府向农户开展实用技术培训和技术指导，培训费可由参训农户和政府分别负担。

4.1.1.4　农业生态资本积累及价值要素化

农业生态资本内涵的理解源于对农业经济系统特征的认识。农业经济系统是农业生态系统与社会经济系统相互融合的生态经济复合系统（伍光和等，2008）。农业生态系统向社会经济系统输出各种农产品及服务，以维持社会经济系统的正常运行；农业经济系统不断将劳力、资金、辅助能等输入生态系统，用以补充其消耗的能量、物资等。归纳相关研究成果，严立冬等研究认为，农业生态资本具有二重性：首先，农业生态资源及环境的自然属性，使其能够生产满足人类需要的农产品，农业生态系统本身具有使用价值和稀缺性，是一种资产；其次，农业生态资本在生态技术的运营下实现保值与增值，应用成本—效益分析理论将其价值内化到农产品和农业生态服务中，理论上可以通过计量功能的变化值来核算农业生态资本的价值（严立冬等，2011）。

4.1.2 农业生态补偿的政策实践

4.1.2.1 国外农业生态补偿政策经验

20世纪80年代以来，发达国家重视制定激励农户环保行为的政策措施，实施一系列促进环保生产的补偿项目，形成多元化的农业生态补偿模式。总结国外农业生态补偿政策实践，发达国家在农业生态补偿制度建设和实施中，通常采用以下两种典型补偿模式。

（1）美国"政府主导型"补偿模式。从1933年美国政府颁布《农业调整法》到2002年重新修订调整《农业法》，美国政府每年投入大量资金，通过成本分摊、土地租用、激励补贴和技术措施等支持政策保证土地健康和可持续发展。例如，美国绿色农业补贴计划，以及现行农业法保护方案实施的土地休耕、土壤保持、湿地储备、环境质量激励、农场和牧场土地保护和草地储备等农业环境保护与支持政策补贴项目，均以现金补贴援助和技术援助的方式，使农户直接受益，将农业外部效应进行内部化的解决（王洪会等，2012；张燕等，2011；尤艳馨，2007）。

（2）欧盟"制度完善型"补偿模式。欧盟的共同农业政策（Common Agricultural Policy，CAP），经过多次改革将关注重心转向农业生态环境保护和生态修复，形成完善的农业生态补偿运行制度和有效的管理机制。其中，农业生态补偿措施将价格补贴与环保措施挂钩，引导农民自觉保护环境，通过改变农业生产经营方式，减少农业环境污染。政府与农场主之间建立合约，通过跟踪监测、环境评价等一系列措施评价项目执行效果及合约履行情况，并以此作为政府下一步对农场主奖励及制裁的依据（杨晓萌，2008；邢可霞等，2007；中欧农技中心，2002）。

（3）日本"环境保全型"补偿模式。日本为了推进环境保全型农业的发展，制定和修改了农业环境三法：简称持续农业法、家畜排泄法和肥料管理法；同时大力推广农业清洁生产技术，形成了减化肥及减药型、废弃物再生利用型和有机农业型三种农业模式（焦必方等，2009；Mulgan A G.，2005；喻锋，2012）。为了全面推进落实环保农业扶持政策，日本政府完善农地、环境及地域资源保全等补偿政策机制，采取高农业补贴的做法，充分调动农民生产积极性。

4.1.2.2　中国农业生态补偿政策实践

（1）生态补偿制度发展历程。中国最早的生态补偿实践开始于 1983 年，云南省对磷矿开采征收覆土植被及其他生态破坏恢复费用；1993 年广西、福建等 14 个省 145 个县市开始生态补偿费试点，征收范围包括矿产开发、土地开发、旅游开发等六大类（万军等，2005）。1998 年新《森林法》确定森林生态效益补偿基金的法律制度，中国生态补偿进入政策实施阶段。2000—2005 年，中央在退耕还林、退牧还草、天然林保护、防护林建设和京津风沙源治理五大生态建设工程累计投资 1220 多亿元（韩洁等，2006）。2004 年中央正式建立森林生态效益补偿基金、水土保持收费政策等，财政转移支付资金成为生态补偿重要资金来源（杨光梅等，2007）。

2005 年 12 月颁布《国务院关于落实科学发展观加强环境保护的决定》、2006 年《中华人民共和国国民经济和社会发展第十一个五年规划纲要》明确提出，要尽快建立生态补偿机制，着重建立促进生态保护和建设的长效机制（俞海等，2008）。党的十八大报告明确要求"建立反映市场供求和资源稀缺程度、体现生态价值和代际补偿的资源有偿使用制度和生态补偿制度"。党的十八届三中全会公报指出"建立系统完整的生态文明制度体系……"这一重大战略纲领的出台，表明我国已具备建立生态补偿机制的科学基础、实践基础和政治意愿（国合会生态补偿机制课题组，2006），也吹响了新一轮生态补偿制度建设的号角。

（2）农业生态补偿政策实践。农业生态补偿机制是制定和执行农业生态补偿政策的机制，多年来我国在农业生态环境保护方面取得一定进展，国家制定和完善了多部有关环境与资源保护的法律法规，出台了许多推动农业清洁生产发展的补偿政策措施；然而，受我国现行农业补贴政策制度安排及客观因素的影响，农业生态补偿制度进程仍落后于森林、矿区、流域等领域的生态补偿制度建设。总结国内相关领域研究成果认为，具体原因体现在三个方面。

一是农业生态补偿的法律法规相对薄弱，各利益相关主体的权利、义务、责任界定不明确，补贴政策难以反映各生产经营主体的利益诉求（王欧等，2005）。二是农业生态补偿的目标、领域及方式仍不明晰，农业生态补偿的目标是通过政策措施鼓励农民改变传统农业生产方式，采用环境友好型生产技术及措施，有效进行农业污染源头控制，保障农产品质量安全和保护农业生态环境；农业生态补偿的领域重点应在农业生产领域，包括产前（良种补贴、农业机械补贴等）和产中（技术推广补贴、环境保护补贴等）两个环节（任大鹏等，2005）；补偿的方式应采用"专项直补"的方式，由政府通过项目实施支付给农户或农场主。三是农业生态补偿标准的研究仍处于初级阶段，尚缺乏科学的计算手段和实证依据，补偿标准确定应建立在对农户受偿意愿的科学计量和农田预期生态服务成本的准确测度基础上（李晓光等，2009）。

从2004年起，中央一号文件连续13年聚焦"三农"问题，建立与完善农业支持与保护政策成为历年中央一号文件的关注焦点，见表4-1。我国基本上采取"政府主导型"补偿模式，农业补贴政策制定侧重于生产投入类补贴政策、生产技术推广类补贴政策和农村公益建设事业补贴政策等三个部分（何忠伟等，2014）。现行农业补贴政策涉及：粮食安全、农民增收、生产工具、生产资料、经营主体、产权制度、组织方式、生产技术、教育培训、人才计划、生态环境、自然灾害、农业保险、工程建设、公益事业、农民生活、金融投资等17个方面。

表4-1 中国农业生态补偿及补贴政策与制度一览表*

时间	政策发布/关键词	法律法规/政策制度的主要内容
2003年	农业部 国家发展和改革委员会	根据《国务院办公厅关于加强基础设施工程质量管理的通知》（国办发［1999］16号）文件精神，《农村沼气建设国债项目管理办法（试行）》，规定对农村沼气建设项目进行补贴。
2004年	中央一号文件"促进农民增收"	对农民个人、农机专业户等给予一定补贴；通过小额贷款、贴息补助等形式，支持农民和企业繁育良种；增加小麦、大豆等优势产区良种补贴范围；建立对农民直接补贴制度。
2005年	中央一号文件"农业综合生产能力"	继续加大"两减免、三补贴"，继续增加良种补贴和农机具购置补贴资金；推广测土配方施肥，引导农民多施农家肥，增加土壤有机质；扩大重大农业技术推广专项补贴规模。
2006年	中央一号文件"推进新农村建设"	制定财税鼓励政策，推广秸秆气化、固化成型、发电等技术；增加良种补贴和农机具购置补贴；增加测土配方施肥补贴，继续实施保护性耕作示范工程和土壤有机质提升补贴试点。加快发展循环农业。
2007年	中央一号文件"促进农民增加收入"	鼓励农民发展绿肥、秸秆还田和施用农家肥；推进农作物秸秆转化利用；扩大土壤有机质提升补贴项目试点；开展免耕栽培技术推广补贴试点。加快发展有机农业。
2008年	中央一号文件"农业发展农民增收"	加强对农业基础设施的投入，继续加大对农民的直接补贴力度，增加粮食直补、良种补贴、农机具购置补贴和农资综合直补。扩大良种补贴范围。增加农机具购置补贴种类。
2009年	中央一号文件"农业发展农民增收"	较大幅度增加农业补贴，加大良种补贴力度，增加农机具购置补贴。开展鼓励农民增施有机肥、种植绿肥、秸秆还田奖补试点。实行重点环节农机作业补贴试点。

（续表）

时间	政策发布/关键词	法律法规/政策制度的主要内容
2010 年	中央一号文件"夯实农业发展基础"	加快建立健全粮食主产区利益补偿制度。扩大测土配方施肥、土壤有机质提升补贴规模和范围。推广保护性耕作技术，实施旱作农业示范工程，对应用旱作农业技术给予补助。
2012 年	中央一号文件"农业科技创新"	新增补贴向主产区、种养大户、农民专业合作社倾斜。提高对种粮农民的直接补贴水平。加大良种补贴力度。扩大农机具购置补贴规模和范围，进一步完善补贴机制和管理办法。
2013 年	中央一号文件"增强农村发展活力"	完善主产区利益补偿、耕地保护补偿、生态补偿办法；新增补贴向专业大户、家庭农场、农民合作社等新型主体倾斜。落实好农民直接补贴、良种补贴政策；实施有机质提升补助等。
2014 年	中央一号文件"农业现代化"	积极开展改进农业补贴办法的试点试验；继续实行良种补贴等政策；在有条件的地方开展按实际粮食播种面积或产量对生产者补贴试点，提高补贴精准性、指向性；加大农机购置补贴力度，强化农业防灾减灾稳产增产关键技术补助。

资料来源：中共中央、国务院 . 2014. 中共中央国务院关于"三农"工作的一号文件汇编（1982—2014）. 北京：人民出版社 .

4.2 农业生态补偿标准确定的原理

随着生态服务公共物品使用者付费（UPP）和受益者付费（BPP）理论的发展，生态补偿逐渐成为现行社会经济运行的一种制度安排。生态补偿关键要解决"应该补偿多少"和"能够补偿多少"两个核心问题。从 20 世纪 80 年代起，各国在流域水资源管理、生物多样性保护、景观美化、碳循环及农业环境保护等环境服务领域（毛显强等，2002），开展广泛的生态补偿项目和政策实践，科学家们运用计量经济技术方法探索生态补偿资金在时空上的高效配置，以期获得不同领域和不同尺度范围内补偿标准的准确测度，为发挥政策手段指导作用提供技术支撑。

4.2.1 生态补偿标准核算理论与方法

美国学者 Robert W. Hahn（1991）通过大量的事实分析提出：以激励为主的环境治理手段（方法）相比行政指令手段更能够刺激生产经营者减少污染排放的积极性，从而将污染控制成本转移到产生不同污染排放水平的厂商中，最佳的政策安排是将市场手段和传统管制措施结合在一起。Pagiola和 Agostin 等（2004）对哥斯达黎加、哥伦比亚、墨西哥等拉丁美洲国家开展的环境服务付费（PES）项目进行研究，此类项目以改善流域水环境服务功能为生态补偿方向，补偿费向用水者征收，生态服务的其他受益者则不考虑。Wunder（2005）系统阐述与生态补偿接近的 PES 原理的基本内容，认为生态补偿是指由生态服务使用者（购买者）向生态环境保护者（提供者）自愿支付的费用；支付费用标准应基于对生态环境服务价值预期评估基础上，并根据不同的补偿领域选择"静态、退化、增长"三种不同类型补偿基线（Environment Service Baselines）。

Wunder 和 Alban（2008）认为在明确界定公共产权前提下，尽管利益双方通过自由协商或谈判可以解决外部性问题，然而对于生态系统预期服务价值的估算和经济评价无疑会增强各方在谈判中的发言权，并且事先判断 PES 计划是否可行。Tietenberg（2006）研究提出市场不确定因素造成的自然资本损耗往往比社会最优化损耗大得多。其中，外部性影响、环境服务公共物品属性、不完善的所有权及不充分的知识信息获取是市场失灵根本原因。Stefanie 和 Stefano 等（2008）全面梳理生态补偿的原理和实践，提出 PES 机制建立应遵循四个步骤：明确环境服务提供者行为活动类型，监测输入端并准确评估环境服务的价值，建立补偿标准计量经济模型。其中，补偿标准必须超过生态系统管理者从原来土地用途中所获得的额外收益（否则管理者将不会改变生产行为），而又必须低于环境服务受益者获得的服务价值（否则受益者将不愿意提供补偿费用）。

国内学术界在生态补偿标准研究方面仍处于探索阶段，对于补偿标准的确定仍有不同观点，秦艳红（2007）、杨光梅（2007）、李晓光（2009）、赖力（2008）等人结合发达国家的研究成果，系统提出生态补偿标准确定的研究方法及适用范围，为深入开展生态补偿标准的计量经济分析和实证研究奠定方法论基础。现阶段，国内生态补偿标准研究的主要学术观点如下：生态补偿标准的两个关键指标，分别是对生态服务提供者的补偿标准和对受益者的支付标准（征收标准）。生态补偿标准应介于受偿者的机会成本与其所提供的生态服务价值之间，生态系统服务价值可以作为生态补偿标准的理论上限（杨光梅，2007），农户的机会成本与交易成本之和可以作为生态补偿总的资金需求。生态补偿标准确定的理论基础有：价值理论、市场理论和半市场理论（李晓光，2009）。生态补偿标准定量研究方法包括：生态系统服务功能价值法、生态效益等价分析法、市场法、意愿价值评估法（Contingent Valuation Method，CVM）、机会成本法（Method of Opportunity Cost）及微观经济学模型法（Method of Micro-economics Models）（李晓光，2009）。

4.2.2　清洁生产技术补偿标准确定原理

4.2.2.1　农户不同生产行为的外部性特征分析

农业生产过程中农户对清洁生产技术和农艺措施的采纳行为，直接影响农田生态环境改善和农产品质量安全，导致农业生产表现出不同的外部效应，见表4-2。

表4-2　农户清洁生产技术不同采纳行为外部效应比较

农户行为	应用传统生产技术	应用清洁生产技术
生产方式	传统的生产方式和技术措施	现代的清洁生产方式和技术
产生影响	化肥、农药过量施用；农田环境污染、农产品有害、消费者健康受到威胁	化肥、农药的减量化施用；农田生态环境保护，提供安全健康农产品，保障消费者利益
外部效应	边际私人成本小于边际社会成本，社会付出更高的环境治理成本，农业生产表现出显著的负外部性	边际私人受益小于边际社会受益，社会获得更多的环境保护收益，农业生产表现出显著的正外部性
两者关系	农民是生态服务受益者（Buyer） 社会是生态服务提供者（Provider） 农民应向政府提供污染赔偿	农民是生态服务提供者（Provider） 社会是生态服务受益者（Buyer） 社会应向农民提供保护补偿

农户在传统生产方式下投入过量的化肥、农药生产农产品，并对农田土壤和水环境带来一定污染。如果只考虑私人成本的话，边际成本曲线 MC 就是农户的供给曲线，对农产品的需求曲线 D 反映了消费者对农产品的评价，如图4-1所示。从市场角度来看，E 点达到均衡，实现利润最大化的产量为 Q_1；从社会角度分析，农户生产行为对周围环境的污染是一种外部成本，所以这部分边际外部成本（MEC）加上农户的边际私人成本（MC）才构成了边际社会成本。因此，成本曲线上移到边际社会成本曲线 MSC，形成的最佳生产产量为 Q_2；显然 $Q_1 > Q_2$ 没有达到资源的合理配置，与最佳生产水平相比生产过多（孙亚锋，2009）。为了解决负外部性问题，政府通常采取征税、合并等方式来解决。

农户采纳清洁生产技术前提下产生的正外部性是本研究的重点，下面结合图4-1和图4-2具体说明。

第一，生产过程分析。假设农户采纳农业清洁生产技术或农艺措施从事生产活动，农户的生产行为保护了农田生态环境，为消费者提供清洁农产品，同时增强农田生态系统的服务功能。如果只考虑私人收益的话，边际收

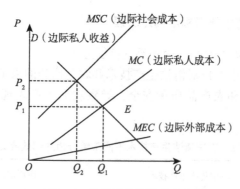

图4-1　负外部性外溢成本分析

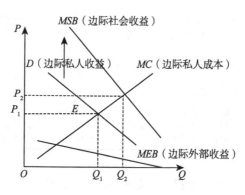

图4-2　正外部性外溢效益分析

益曲线就是农户的需求曲线 D。从市场角度来看，E 点为均衡点，实现利润最大化的产量为 Q_1；从社会角度分析，预期农田生态系统服务功能价值增加是一种外部收益，应作为收益的一部分，所以这部分边际外部收益（MEB）加上农户的边际私人收益（D）构成了边际社会收益。因此，收益曲线向上方移动到边际社会收益曲线 MSB，形成的最佳生产产量为 Q_2。所以，从全社会角度来看，$Q_1 < Q_2$ 没有达到资源的合理配置，与社会最佳生产水平 Q_2 相比，显然生产是不够的。

第二，解决方案选择。农户在采纳清洁生产技术时需要额外增加生产投入，并承受生产方式改变带来的产量损失和市场风险。根据"庇古税"理论，政府应通过补贴手段来纠正农业生产正外部性，其解决思路是由政府向采纳清洁生产技术的农户给予适当的技术补贴，一方面使农户额外投入生产成本内部化解决，另一方面也鼓励更多的农户从事环保生产，通过帕累托改进大力推广具有显著正外部性的生产行为，提高清洁农产品的供给量，以达到社会需求的最佳水平。

第三，补贴额度分析。由外溢效益曲线分析可知政府要对农户提供技术补贴，根据经济学原理具体补贴额度如图4-3所示。

假设政府对生产者（农户）进行补贴，补贴使得生产者所承担的边际成本曲线 S 下降至 S_1，下降距离为 L；边际成本曲线 S_1 与需求曲线 D 形成新的均衡点 E_1，对应的价格为 P_1，产量由 Q_0 增加为 Q_1。在此产量下原供给曲线 S 对应的均衡点为 E_2，价格为 P_2。政府对生产者补贴所支付的补贴额度为 $L×Q_1$，也就是 $(P_2-P_1)×Q_1$，即图4-3中矩形 $P_1E_1E_2P_2$ 的面积。生产者和消费者所获得利益由供给曲线和需求曲线的弹性决定（图4-3中 Q_1 与 Q_2 点重合）。对生产者补贴使均衡价格由 P_0 下降至 P_1，消费者每单位获益 P_0-P_1 部分，总共获益为 $(P_0-P_1)×Q_1$；生产者每单位获益 P_2-P_0 部分，则总共获益为 $(P_2-P_0)×Q_2$。因此，消费量由 Q_0 增加到 Q_1，增加的消费量的边际成本为 P_2-P_1 部分，无论对于消费者还是生产者来说边际成本均超过边际收益，补贴所形成的效率损失为图中 $\Delta E_0E_1E_2$ 的面积。

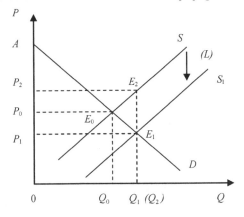

图4-3　生产者补贴额度分析

4.2.2.2　准公共产品有效供给局部均衡分析

根据公共产品有效供给理论，公共产品供给达到帕累托最优的必要条件是每个个人对公共产品交付的价格（税）要等于公共产品生产的边际成本。由公共产品局部均衡的有效定价原则可知：个人价格总和等于边际成本，即 $\sum P_i=MC$。公共产品的有效定价原则进一步说明：公共产品是不能靠市场来提供的，每个人对于公共产品要求价格由个人对公共产品的边际价值评估来确定，不能由市场来统一定价（保罗·萨缪尔森等，2004）。同理，农业

清洁生产技术具有准公共物品的属性，政府要通过补贴政策手段激励农户采
纳技术，那么补贴标准的确定实际上是探讨准公共物品在局部均衡情况下的
有效定价的问题。依据公共产品有效定价原则，补贴标准不能由市场统一定
价，由于每个农户对于采纳清洁生产技术带来的边际价值（效用）都会有
比较准确的评价，即农户技术采纳的受偿意愿；因此，理论上应该由农户受
偿标准来确定技术采纳的补偿标准。

4.3 环境物品非市场价值评估方法

环境物品非市场价值评估就是自然资源非市场价值评估，亦即生态系统
服务功能价值评估，是补偿标准确定的技术基础。生态系统服务价值评估通
过对资源环境产品服务价值的准确描述、测度和估价，将外溢于市场之外的
成本和效益纳入经济学理论一般框架中，分析环境问题的经济本质并提供有
效的政策选择。

20 世纪 90 年代以来，以 Costanza（1997）等对全球生态系统服务功能
价值评估为基础，国内外基于各种时空尺度的自然资源价值评估在生态系统
服务、水资源价值、生产资本、生物多样性保护等领域展开，并在研究方法
和实践应用的广度和深度上取得显著进展。生态系统服务功能的价值化非常
困难，目前国际上还没有公认的、标准的方法。生态系统服务价值评估方法
的研究一直是国内学术界研究的热点，欧阳志云（1999）、李文华（2007）、
张志强（2001）、孙新章（2007）等知名学者致力于建立更为全面和准确的
价值评估方法体系，目前常见的经济学价值评估方法有直接市场价值评估、
间接市场价值评估及假想市场价值评估三种类型（刘向华等，2005；杨光
梅等，2006；张翼飞等，2007；赵军等，2007），见表4-3。

表4-3　常用生态系统服务价值评估方法

评估方法	常见类型	适用范围
直接市场价值评估法（Direct Market Methods）	市场价值法、影子价格法替代工程法、机会成本法	用于传统市场上有价格的生态服务或直接受生态环境变化影响的商品，主要针对生态系统提供能源和物质等实物性资源的服务功能评估。
间接市场价值评估法（Indirect Market Methods）	替代成本法（Replacement Cost）旅行费用法（Travel Cost）享乐价值法（Hedonic Pricing）	用于没有直接市场价格信息，借助于市场上其他商品信息等间接措施获知，用来评估对生态系统服务的支付意愿或舍弃服务的补偿意愿。

评估方法	常见类型	适用范围
假想市场价值评估法（Imaginary Market Methods）	意愿价值评估法（Contingent Valuation Method）	用于缺乏真实市场数据，依靠假想市场引导消费者获得对生态服务的陈述性偏好，从而评估环境物品或生态服务的价值。

4.3.1 直接市场价值评估法

4.3.1.1 市场价值法

市场价值法（Market Value Method），即生产率法。其基本原理是将生态系统作为生产中的一个要素，生态系统的变化将导致生产率和生产成本的变化，进而影响价格和产出水平的变化，或导致产量、预期收益的损失（李金昌等，1999）。市场价值法可分为生产要素价格不变和生产要素价格变化两种情况。

生产要素价格不变时，产量的变化不会影响市场格局，即产量变化与供求矛盾的整体结构无关。生态系统服务功能的价值为：

$$V = (P - C_v) \cdot \Delta Q - C \qquad \text{（公式 4-1）}$$

式中，V 为生态系统服务功能的价值；P 为产品的价格；C_v 为单位产品的可变成本；C 为成本；ΔQ 为产量的变化量。

生产要素价格变化时，产量的变化将引起生产要素和产品价格的变化。生态系统服务功能的价值为：

$$V = \Delta Q (P_1 + P_2) / 2 \qquad \text{（公式 4-2）}$$

式中，V 为生态系统服务功能的价值；ΔQ 为产量的变化量；P_1 为产量变化前的价格；P_2 为产量变化后的价格。

4.3.1.2 影子价格法

影子价格（Shadow Pricing）常用于对环境污染经济损失成本的估算，其难点是资源损失成本和环境污染很难找到一个合适的价格（于谨凯等，2011）。影子价格对于没有市场交换和市场价格的生态系统服务功能，即"公共商品"，可利用替代市场技术寻找其替代市场，以市场上与众不同的产品价格来估算其价值。这种相同产品的价格成为"公共商品"的影子价格（欧阳志云等，1996）。其数学表达式为：

$$V = QP \qquad \text{（公式 4-3）}$$

式中，V 为生态系统服务功能的价值；Q 为生态系统产品或服务的量；

P 为生态系统产品或服务的影子价格。

4.3.1.3 替代工程法

替代工程法是在生态系统遭受破坏后人工建立一个工程来替代原来的生态系统服务功能，用建造新工程所需的费用来估计生态系统破坏所造成的损失的方法（李金昌等，1999），又称影子工程法，是恢复费用法的一种特殊形式，其数学表达式为：

$$V = G = \sum g_i (i = 1, 2, 3, \cdots, n) \qquad （公式4-4）$$

式中，V 为生态系统服务功能的价值；G 为替代工程的造价；$\sum g_i$ 为替代工程中 i 项目的建设费用。

评价生态系统固碳放氧价值的造林成本法、涵养水源价值的水库成本法等都属于替代工程法。

4.3.1.4 机会成本法

机会成本法（Opportunity Cost Approach）是指做出某一决策而不做出另一决策时所放弃的利益（毛文永，1998），常用来衡量决策的后果。资源是有限的，在面临多方案选择时，选择了一种方案，意味着放弃了使用其他方案和获得相应利益的机会，被舍弃的选项中的最高价值（最大的经济利益），即为本次决策的机会成本。由此可知，机会成本并非实际发生的货币性费用支出，而是潜在的收益减少，属于隐形成本，是影响决策结果科学与否必须关注的关键"成本"与重要的衡量依据（苗丽娟等，2014）。

机会成本法的数学表达式为：

$$C_k = \max \{E_1, E_2, E_3, \cdots, E_i\} \qquad （公式4-5）$$

式中，C_k 为 k 方案的机会成本；E_1，E_2，E_3，$\cdots$，E_i 为 k 方案意外的其他方案的效益。

机会成本法是费用—效益分析法的一部分，多用于不能直接估算其社会净效益的一些资源。该方法简单，并能为决策者提供宝贵的有用信息。

4.3.2 间接市场价值评估法

间接市场价值评估方法包括替代成本法、旅游费用法及享乐成本法，本文重点介绍旅行费用法。

旅行费用法（Travel Cost Method，TCM）是一种基于消费者选择理论的旅游资源非市场价值评估方法，常常被用来评价那些没有市场价格的自然景点或者环境资源的价值。利用旅行费用来算环境质量发生变化后给旅游场所带来效益上的变化，从而估算除环境质量变化造成的经济损失或收益（董雪旺，2011）。

旅行费用法把消费环境服务的直接费用与消费者剩余之和当成该环境产品的价格，这二者实际上反映了消费者对旅游景点的支付意愿（旅游者对这些环境商品或服务的价值认同）。一般地，直接费用主要包括交通费、住宿费、餐饮费、门票费、设备费、停车费等与旅游有关的直接花费及时间费用等。消费者剩余则体现为消费者的意愿支付与实际支付之差。

旅行费用法已发展出三个模型，即分区模型、个体模型和随机效用模型。以分区模型为例，应用旅行费用法主要包括以下步骤。

第一步：定义和划区。以评价场所为圆心，把场所四周的地区按距离远近分成若干个区域。距离的不断增大意味着旅行费用的不断增加。

第二步：旅客调查。确定消费者的出发地、旅行费用、旅行率以及其他各种社会经济特征。

第三步：回归分析。以旅行费用和其他各种社会经济因素为自变量，以旅游率为因变量进行回归，确定方程，需求曲线的数学表达式为：

$$Q_i = f\ (TC,\ X_1,\ X_2,\ \cdots,\ X_n) \qquad (公式\ 4\text{-}6)$$

式中，Q_i 为旅游率，即所考虑的各地区范围内的居民到该生态系统旅游的人数占总人数的比率；TC 为旅行费用；X_1，X_2，$\cdots$，X_n 为收入、教育程度及其他社会经济变量。

第四步：积分求值。利用所获得的需求曲线，采用积分法、梯形面积加和法等计算生态系统服务功能的价值。

4.3.3　假想市场价值评估法

假想市场价值评估法是在对一些既无市场产品也无产品市场的资源价值进行评估时，评估者构建一个虚拟的产品市场，既有自然资源的产品供应，也有产品的需求人群，所有的假想产品需求者对这种假想的自然产品进行报价，从而形成产品的假想市场价格，根据这一假想的市场价格来估算自然资源的价值的方法。这种方法以假想需求者的意愿价格调查为基础，因此这种方法也称为意愿价值评估方法或条件价值评估方法（Contingent Valuation Method，CVM）。

CVM 是典型的陈述偏好评估法，是在假想市场环境下，直接询问受访者对于某一环境物品或资源保护措施的支付意愿（Willing to Pay，WTP）或因环境受到破坏及资源损失的接受赔偿意愿（Willing to Accept，WTA），以 WTP 和 WTA 来评估环境服务的经济价值（焦杨等，2008）。意愿价值评估法以人的观点和判断为依据，而不是依赖市场行为，要获得人们的真实支付意愿或受偿意愿，问卷调查是进行 CVM 研究最重要的环节（刘治国等，2008）。从 CVM 发展历程看，引导 WTP/WTA 的方法有四种：投标博弈（Bidding Game, BG）、开放式（Open-ended, OE）、支付卡（Payment Card, PC）和二分式选择（Dichotomous Choice, DC）（Venkatachalam, 2004; Loomis, 2000）。开放式和二分式选择是国际上应用最多的两种引导方式，美国 NOAA 也把二分式选择法作为优先推荐方法；双边界二分式方法是国际上流行的 WTP 引导技术，其需要利用复杂的计量模型如 Probit 模型、Logit 模型、Tobit 模型等先进技术手段进行分析（刘治国等，2008）。

综上所述，意愿价值评估法是国际社会进行非市场价值评估最广泛采用的陈述偏好方法。尽管 CVM 方法的有效性存在很多争议，至今没有成为官方认可的生态补偿标准判定方法，但是其从农民的偏好及意愿出发，揭示清洁生产技术应用非使用价值的能力和灵活性，更符合我国现阶段农业补贴政策改革市场化取向与保护农民利益并重的总原则。因此，本研究选择意愿价值评估法（CVM）作为生态补偿标准确定及清洁生产技术评估的主要方法。

4.4 CVM 方法理论基础及研究进展

4.4.1 CVM 方法的理论基础

国际权威观点认为，CVM 以消费者效用恒定的福利经济学理论为基础（张茵等，2005），调查获得衡量环境物品改善或损失的效用指标 WTP 和 WTA，对应于希克斯衡量消费者剩余的补偿变差（Compensating Variation, CV）与等量变差（Equivalent Variation, EV）两个指标。国内在 2000 年以后开展 CVM 方法的理论探讨，以张茵（2005）、张翼飞（2007）、张志强（2003）、谢贤政（2006）等人的研究最具代表性。借鉴前人研究成果，CVM 方法的理论依据：在传统的个人效用函数中纳入生态环境等非市场物品，消费者的效用受到市场商品 x，环境物品（非市场商品）q，个人偏好 ε 的影响；同时，消费者对市场商品的消费受其（可支配）收入 y 及商品价格 p 限制。

个人效用函数为 $U(x, q, \varepsilon)$，在收入一定的限制下，个人消费力图达到效用最大化，即 $\max U(x, q, \varepsilon)$。其中，$\sum p_i x_i \leqslant y$；定义受限条件下常规需求函数及间接效用函数如下：

常规需求函数为：$x_i = h_i(p, q, y, \varepsilon)$，$i = 1, 2, 3, \cdots n$，为市场商品种类；　　　　　　　　　　　　　　　　　　　（公式 4-7）

间接效用函数为：$V(p, q, y, \varepsilon) = U[h(p, q, y, \varepsilon), q]$；　　　　　　　　　　　　　　　　　　　（公式 4-8）

公式 4-7 和公式 4-8 表明：效用为商品价格 p、收入 y，以及环境物品 q 的函数。

假设 p，y 不变，某种环境物品或服务 q 经过 q^0 到 q^1 的改善，相应的个人效用也从 U^0 到 U^1，假设 $q^1 \geq q^0$，则：$U^1 = V^1(p, q^1, y, \varepsilon) \geq U^0 = V^0(p, q^0, y, \varepsilon)$，其效用变化也可用间接函数来测量：

$$V^1(p, q^1, y-C, \varepsilon) = V^0(p, q^0, y, \varepsilon)；\qquad（公式 4-9）$$

公式 4-9 表示：补偿变化 C 就是消费者面对环境改善愿意支付的货币量 WTP。

假设 $q^1 \leq q^0$，环境物品或服务经过 q^0 到 q^1 的退化，则 $U^1 \leq U^0$，其效用变化的间接函数测量：

$$V^1(p, q^1, y+C, \varepsilon) = V^0(p, q^0, y, \varepsilon)；\qquad（公式 4-10）$$

公式 4-10 表示：等值变化 C 就是消费者面对环境退化愿意接受补偿的货币量 WTA。

由于环境物品具有公共物品特性，根据公共产品有效供给理论，总效用为所有个体获得效用的总和。个体获得效用可以用支付意愿来衡量，因此，所有个体支付意愿加总可以获得环境物品或服务的总效用（保罗·萨缪尔森，2004）。

4.4.2　CVM 方法的研究进展

4.4.2.1　国外农业领域 CVM 研究主要进展

国外近年来应用 CVM 方法主要在农业生态环境保护、农产品质量安全、农业生产和农村生活环境改善等方面展开探索和研究，见表 4-4。从表 4-4 可以看出，国外基于大容量的样本数据和多元回归模型，评估 WTP 和 WTA 影响机理和补贴标准。

（1）自然资源使用与生态保护。Lee&Han（2002）运用 CVM 方法对韩国 5 个国家公园的使用及保护价值进行评估，调查消费者对于公园门票和公园维护税收的支付意愿。结论表明，国家公园具有相当可观的使用和保护价值。Bruce，Giordano & Ian 等（2003）运用 CVM 方法研究非使用者对生物多样性及生态系统功能保护的支付意愿，在对 407 份有效样本的 Tobit 模型估算基础上，获得两期环保项目的平均支付意愿分别为 $ 45.60 人/年和 $ 59.28 人/年。

（2）农业生产及生活环境改善。Norton，Phipps & Fletcher（1994）分析农户采纳清洁生产方式的决策过程，认为如果技术能够改善农田环境质量，那么农户采纳意愿小于采纳技术造成的利润损失。Vanslembrouck，Huylenbroeck & Verbeke（2002）探讨比利时农民对农场景观美化和空闲地整治环保项目的参与意愿，农户年龄越小且受教育程度越高就越愿意参与景观美化项目；而农户参与空闲地整治则更多受到农场规模、个人经历及邻居决定等因素影响，采用 Probit 模型估算 WTA 值为 124~248 欧元/公顷·年。

（3）农产品质量安全关注度。McCluskey，Grimsrud&Ouchi（2003）采用 CVM 方法研究日本 Seikyou 地区消费者对于转基因农产品的态度及受偿意愿，运用 Logit 回归模型分析发现生物技术认知水平、转基因食品安全性看法、收入水平及受教育水平等因素显著影响受偿意愿。Loureiro & Umberger（2004）开展牛肉认证标志市场价值评估，调查美国 5 000 个购买里脊牛排消费者，通过 Logistic 模型分析确定市场最具竞争力的牛肉产品认证商标为 USDA（United States Department of Agriculture，USDA）食品安全认证。

国外近年来应用 CVM 方法主要在农业生态环境保护、农产品质量安全、农业生产和农村生活环境改善等方面展开探索和研究。以 CVM、WTP 和 WTA 等为关键词查阅国外重要研究文献，从表 4-4 中可以看出国外大多数案例以意愿价值评估法为科学评价手段，基于大容量的样本数据及多元回归模型的估计方法，不仅回答了影响消费者意愿（WTP 和 WTA）的相关因素，而且准确评价补偿标准，其研究结果为各国政府制定有效地农业生态补偿政策提供有力的技术支撑。

表 4-4　国外意愿价值评估法应用于农业领域代表案例

第一作者 （Author）	研究对象 （Object）	有效样本 （Swatch）	研究结论 （Conclusion）	模型 （Model）	文献，发表年 （References）
Lee C K	韩国国家公园使用及保护价值评估	2 300	总环境价值 $ 59million	Logistic 模型	[184]，2002
Bruce H	巴西亚马逊地区生态系统服务价值	407	$ 45.60 人$^{-1}$ · a^{-1}	Tobit 模型	[181]，2003
Vanslembrouck I	比利时农户参与农业环境保护项目意愿	347	124~248 Euro · ha^{-1} · a^{-1}	Probit 模型	[199]，2002

（续表）

第一作者 （Author）	研究对象 （Object）	有效样本 （Swatch）	研究结论 （Conclusion）	模型 （Model）	文献，发表年 （References）
McCluskey J J.	日本消费者对转基因食品支付意愿	400	WTA 影响因素确定	Logistic 模型	［188］，2003
Loureiro M L.	美国消费者牛肉安全食品支付意愿	632	$ 0.562 pound^{-1}$	Logistic 模型	［186］，2004
Giraud K L.	英格兰关于地方特色产品购买意愿	530	$ 5 \sim 20 \cdot a^{-1}$	Probit/Logit	［178］，2005
Hyytiä N	芬兰居民对多功能农业产品支付意愿	1 300	94 Euro $\cdot a^{-1} \cdot$人$^{-1}$	多元回归模型	［182］，2005
Lynch L	美国农户对安装水质净化器支付意愿	1 032	$ 110 a^{-1} \cdot$户$^{-1}$	Probit/Logit	［187］，2002
Amigues J-P	法国 Garonne 河流域环保支付/受偿意愿	362	WTP/WTA 评价结果	Tobit/Probit	［172］，2002
Rouquette J R	英国农户保护洪泛区价值的受偿意愿	500	WTA 评价结果	Probit/Logit	［195］，2009
Amirnejad, K	伊朗居民保护 Sari 公园价值支付意愿	150	17 820 Rials	Logistic 模型	［173］，2014

4.4.2.2　国内基于 CVM 农业生态补偿实证研究

我国从 20 世纪 80 年代引入 CVM 方法评价环境价值，90 年代随着理论研究的深入，研究领域从生态价值评估扩展到农业生态补偿及公共政策评估。2000 年以后国内重视农业生态补偿政策的实证研究见表 4-5，文献分析包括以下 3 个方面。

（1）环境质量改善及生态保护。杨开忠等（2002）研究北京市居民改善大气环境质量支付意愿，表明 CVM 方法在环保意识较高的大城市能获得可信的评估结果。蔡银莺等（2006）调查分析湖北省 1 255 户居民对农地保护支付意愿，居民每年保护农地支付意愿总价值为 57 2574.59 万元，折合单位公顷农地非市场价值 13 081.90 元。李伯华等（2008）通过 Logistic 模型分析影响石首市农户饮水支付意愿主要因素有年龄、人口及文化程度。王昌海等（2012）将 CVM 应用于朱鹮自然保护区农户补偿意愿的研究，计量 2008 年和 2011 年农户种植水稻补偿意愿分别为 3 560.56 元/hm^2 和 3 679.83 元/hm^2。

（2）农民参与生态环境保护。刘光栋等（2004）应用 CVM 方法调查桓台县有 76% 的农民对地下水污染防治持积极态度，防治费用的人均支付意愿为 22.8 元/a。崔新蕾等（2011）运用 Logistic 模型分析武汉市农户参与农田环境保护意愿影响因素有性别、农业收入比例、环境满意度。张利国（2011）用计量方法分析影响江西省农户从事环保生产行为的因素有文化程度、种植面积、是否参加培训及对环境是否关心。刘尊梅（2012）采用 CVM 方法研究黑龙江省农户采纳环保型生产技术补偿意愿的影响因素有学历、耕种面积和收入，并选择 Tobit 模型估算农户补偿标准。

（3）农村公共服务政策评价。卢向虎等（2008）利用 Probit 模型估计显著影响农户参与农民合作组织意愿的因素有农产品价格波动、文化程度、年龄、主要农产品商品化程度等。曾小波等（2009）研究陕西泾阳县养殖户对奶牛保险费用支付意愿，运用 Logistic 回归模型分析主要影响因素是保费、补贴及农户文化程度，养殖户平均支付意愿为 102.56 元/头。杜浦等（2012）运用 Logistic 回归模型研究山西省农户对于农机燃油补贴政策满意度影响因素，认为政府应在提升主体教育水平和转换补贴方式上发挥主导作用。

（4）WTP 与 WTA 的差异性。赵军等（2007）以上海某城市河流生态系统服务评价为例，基于 CVM 方法对比 WTP 和 WTA 结果差异性表明：WTA/WTP 的平均比值为 7.02，中点值比值为 6.18，两者不对称的决定因素为收入和学历。刘亚萍等（2008）采用两种指标评估黄果树游憩资源非使用价值，认为导致 WTP 和 WTA 差异因素有赋予效应、厌恶效应、收入效应与替代效应、模糊性与不确定性以及赔偿效应等。徐大伟等（2013）选择 WTP 和 WTA 技术，检测辽河中游居民对流域生态环境改善的补偿意愿，结果 WTP 为 59.39 元/（人·a），WTA 为 248.56 元/（人·a）。

20 世纪 90 年代以来，国内 CVM 研究经历了由理论探讨、方法介绍的规范研究阶段到多领域、多范围的实证研究阶段的发展历程。本研究系统梳理我国 10 年来基于 CVM 的农业生态补偿研究进展，见表 4-5，从表 4-5 可以看出，与国外研究相比，国内学者选择的样本容量较少，计量经济模型较为单一，更多地分析主体行为的影响因素，较少地涉及补偿标准估算。总之，国内研究仍处于理论方法探索及政策项目的试点示范阶段，距离为地区农业开发项目进行经济评估，为农业环境及补贴政策提供决策服务仍有较大差距。

表 4-5 近 15 年国内基于 CVM 的农业生态补偿实证研究典型案例

第一作者（Author）	研究对象（Object）	研究区域（Area）	有效样本（Swatch）	研究结论（Conclusion）	模型选择（Model）	文献，发表年（References）
杨开忠	居民改善大气环境质量支付意愿	北京 8 区	1 371	7.72 亿元/a（1999 年）	一般统计	[128]，2002
张志强	黑河流域居民生态服务支付意愿	张掖 6 县	621	$45.9 \sim 68.3$ 元·（户·a）$^{-1}$	多元数理统计	[154]，2002
刘光栋	农户保护水质环境支付意愿	桓台县	334	$22.8 \sim 27.0$ 元·（人·a）$^{-1}$	Logistic 模型	[61]，2004
庄大昌	洞庭湖湿地资源非使用价值	全国及环湖区	748	335.45 亿元·年$^{-1}$	Logistic 模型	[171]，2006
李伯华	农户对饮水安全支付意愿	武汉市	144	121.94 元·人$^{-1}$	Logistic 模型	[49]，2008
卢向虎	农户对合作组织参与意愿	7 省 24 市	320	WTP 影响因素确定	Probit 模型	[70]，2008
陈志刚	农户对耕地保护补偿意愿	江苏省 2 市	149	2 228 元·年$^{-1}$·亩	Logistic 模型	[18]，2009
葛颜祥	黄河流域居民生态补偿意愿	山东省 8 市	240	184.38 元·人$^{-1}$	Logistic 模型	[29]，2009
张利国	农户环境友好型生产行为意愿	江西省	278	WTA 影响因素确定	Logistic 模型	[145]，2011
陈 珂	农户参与中德造林项目意愿	辽宁省朝阳市	215	WTA 影响因素确定	Logistic 模型	[15]，2011
杜 浦	农机油耗补贴政策满意度评价	山西省 2 市	487，168	WTA 影响因素确定	Logistic 模型	[22]，2012
田 苗	绿色农业生态补偿居民支付意愿	武汉市	248	WTP 影响因素确定	Logistic 模型	[99]，2012
罗剑朝	农户对村镇银行贷款意愿	陕西省	200	WTP 影响因素确定	Probit 模型	[72]，2012
刘洪彬	农户作物种植选择行为意愿	沈阳苏家屯	238	WTP 影响因素确定	Logistic 模型	[63]，2013
南灵	农户耕地保护行为意愿	郑州市	1 034	行为意愿影响因素确定	TPB/Logistic	[78]，2013

（续表）

第一作者 （Author）	研究对象 （Object）	研究区域 （Area）	有效样本 （Swatch）	研究结论 （Conclusion）	模型选择 （Model）	文献， 发表年 （References）
李效顺	农户对矿区耕地损害补偿意愿	庞庄、柳新	215	9 458.7~15 764.4（$hm^2 \cdot a$）	经济产出模型	[55]，2013
蔡银莺	农田保护补偿政策实施成效	上海市	545	实施成效影响因素确定	Logistic 模型	[10]，2014
吴优丽	对无公害蔬菜认知、生产意愿	武汉市	372	认知及 WTP 影响因素	Logistic 模型	[111]，2014

5 技术应用价值评估方法体系构建

5.1 研究思路与框架结构

5.1.1 研究思路

农田清洁生产技术应用价值评估主要目的是在实践中解决两个方面的问题：一是如何提高农户的环保动力，解决技术应用产生的正外部性内部化的问题；二是如何提高补贴政策的效能，解决技术应用补贴标准阈值定量化确定问题。本研究尝试建立多方法、多角度相结合的农田清洁生产技术应用价值评价方法体系。评价方法体系将以"意愿评估—技术评估—价值评估"为框架，以技术应用意愿评估为核心，以技术应用成本绩效评估为基础，以技术应用农田系统价值评估为辅助，充分考虑环境利益双方农户及决策者政府在非均衡状态下的经济利益关系，寻找利益双方量价均衡点，提高技术评价体系的科学性和精准性，如图5-1所示。

5.1.2 框架结构

本研究构建农田清洁生产技术评估方法体系框架，如图5-2所示。

农田清洁生产技术评估方法体系由农田清洁生产技术效率评估体系、农田系统服务功能价值评估体系、农户技术应用补偿意愿评估体系三部分组成。

5.1.2.1 农田清洁生产技术效率评估体系

通过文献分析和实地调查，运用归纳演绎等定性分析方法，综合分析技术应用对于农田生态环境的改善作用，以及获得的清洁产品产出和效率，定性及定量评价技术项目实施对于实现预期目标或利益的成效及影响。

5.1.2.2 农田系统服务功能价值评估体系

通过实地调查和田间试验，首先，运用市场价值法和替代工程法估算农

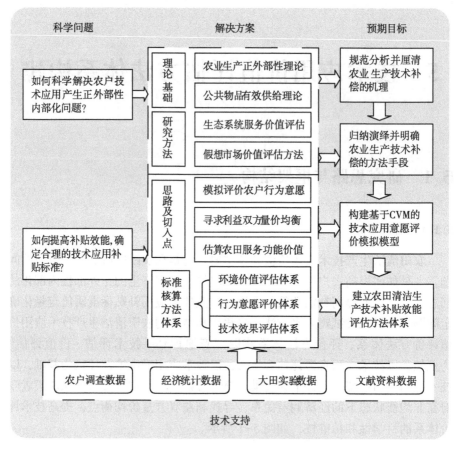

图 5-1　农田清洁生产技术评估研究思路

田生态系统服务功能价值；其次，运用机会成本法计算某项清洁生产技术实施为保护环境质量而放弃的最大收益，即预期生态服务成本（放弃替代活动收益的机会成本、维持土地利用变化的生产成本及项目实施的交易成本三部分）；最后，综合考虑农田生态系统服务功能价值与预期机会成本，计算上面两个价值量的平均值作为补偿标准的理论上限。

5.1.2.3　农户技术应用补偿意愿评估体系

引入意愿价值评估方法，获得农户应用农田清洁生产技术的支付意愿和受偿意愿，运用经典二元离散计量经济模型，构建耦合评价指标因素的技术应用补偿意愿评价模拟模型；定量化研究技术应用补偿意愿影响机理，确定技术补偿标准的阈值和参考值。

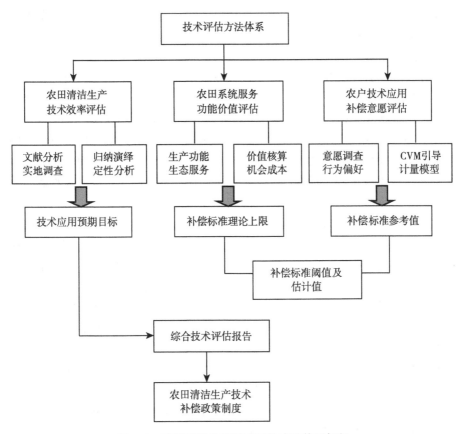

图 5-2 农田清洁生产技术评估方法体系框架

5.2 评估步骤与关键技术

5.2.1 评估步骤

第一步，技术产生外部性预判。开展农田清洁生产技术特征及应用效果的预判工作，明确农户生产行为（技术应用行为）产生外部性的基本类型，了解环境利益双方博弈关系。一要了解技术应用对于农田生态环境的影响，以及对于农产品质量安全的影响。二要明确技术应用表现出的外部性特征，农户采用技术获得的私人收益小于技术本身带来的社会收益，却要承担采纳技术的额外成本费用，导致市场竞争力较弱，需要政策手段加以扶持。三要厘清环境利益双方博弈关系，农户是技术的实践者，也是生态服务提供者（Provider），政府是技术的推广者，也是生态服务的受益者（Buyer）。因此，代表社会公众利益的政府应向农户提供保护补偿。

第二步，技术应用的效率评估。开展技术项目实施区域的农户问卷调查工作，收集获取技术评估必需的样本数据和统计资料，采用成本—收益分析（Cost-Benefit Analysis）和成本—绩效分析（Cost-Effectiveness Analysis）方法，分析技术应用成本和绩效之间的对比关系。效率评估既要比较技术应用收益的货币价值，也要比较技术应用给农业生产条件带来改善的绩效。效率评估对于技术应用项目资源的分配、识别同样经费条件下获得最大收益的项目模式、确定给某个项目以政策支持的程度，具有非常重要的作用。

第三步，技术评价模拟模型构建。运用 CVM 评估方法，基于农户技术应用的支付意愿（WTP）和受偿意愿（WTA）两种评价尺度，引入 Logit/Probit 效用函数模型；运用计量统计分析手段考察 WTP/WTA 两种尺度下技术应用意愿的影响因素，以及各因素的影响方向和强度；确定多元线性回归模型的变量参数，定量提出技术应用补偿意愿的决定因素，深入剖析农田清洁生产技术应用的影响机理。进一步构建基于 WTP/WTA 估计值的多元对数线性模型，运用最小二乘法（Ordinary Least Square，OLS）开展模型回归分析及模型参数估计，得到回归方程的科学表达，计算获得补偿标准的阈值及参考值，为增强补偿政策的说服力提供科学实证依据。

第四步，技术评估报告的形成。总结及整合上述评估结果，提供科学合理的农田清洁生产技术补偿政策建议，并根据政策制定者和决策者需要编制补偿项目具体实施方案，最终形成完整的综合评估报告。

5.2.2 关键技术

5.2.2.1 技术应用意愿评价模拟模型构建

本研究重点是构建基于 CVM 的农户技术应用意愿评价模拟模型，分析哪些因素影响农户保护性耕作技术应用意愿（影响因素）、如何产生影响（影响方向和强度），进而科学计量农户典型清洁生产技术的补贴标准。农户技术应用意愿评价模拟模型的概念框架如图5-3所示。

（1）影响因素特征变量的选择。根据计划行为理论，基于对农户技术应用行为意愿影响因素的预期判断，构建由六组特征变量组成的影响因素指标体系（见表5-1），初步判断影响因素的预期方向。

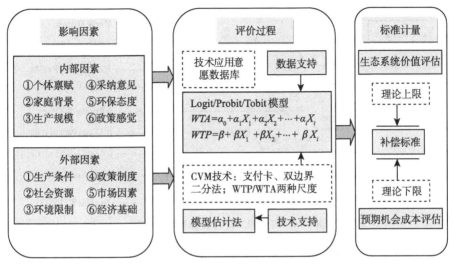

图 5-3　计量经济模型概念框架

表 5-1　农户调查问卷包含特征变量简表

个体禀赋	家庭特征	生产经营	环保认知	社会资源	激励机制
户主	总人口	耕地面积	化肥用量	信息来源	参加技术培训
性别	务农人口	耕作方式	土壤污染	问题求助	参与示范项目
年龄	总收入	生产成本	农药残留	产品销售	农业补贴政策
文化程度	农业纯收入	生产效益	地下水污染	参与合作社	市场优惠政策
……	……	……	……	……	……

（2）CVM 引导技术的选择与方法设计。CVM 的支付卡梯级法和双边界二分法是推荐采用的两项关键引导技术。支付卡梯级法是请受访者在支付卡上选择两个数值：一个是肯定能够接受的最低值，一个是肯定不能接受的最高值。目的是降低受访者的认知难度，避免猜测或任选现象发生。双边界二分法依据被调查者的回答不断调高或调低投标值，直至得到肯定或否定回答时结束调查，获得受访者最大 WTP 或最低 WTA。双边界二分法引导投标值的技术方法如图 5-4 所示，投标值的给出请受访者随机抽取，避免因问卷设计者设定支付卡投标值，而对受访者产生潜在暗示的偏差。

（3）技术应用意愿评价模拟模型构建。以农户应用农田清洁生产技术成本的支付意愿和受偿意愿为被解释变量（Dependent Variable），以假设选

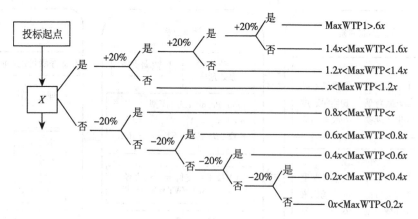

图 5-4　双边界二分法投标值技术方法

择的预期影响因素为解释变量（Independent Variables），构建 Logistic（Probit）二元离散选择模型。运用常用的统计分析软件，从 WTP 和 WTA 两个评价尺度分别考察，对调查数据进行描述性统计分析，进行 Logistic 回归处理并进行方程的显著性检验。将对被解释变量影响显著的解释变量逐步选入方程，直到解释变量对被解释变量的检验结果均不显著为止。根据回归模型统计分析结果，获得 WTP/WTA 的回归方程式，计算 WTP/WTA 的平均值。具体模型构建形式如下（以 Logistic 模型为例）。

$$WTP = f(P, O, F, E, S, I), \quad WTA = f(P, O, F, E, S, I)$$

式中，P 为个人禀赋变量；O 为生产经营变量；F 为家庭特征变量；E 为环境认知变量；S 为社会资源变量；I 为激励机制变量。将模型进一步展开变形为：

$$WTA = \alpha_0 + \alpha_1 X_1 + \alpha_2 X_2 + \cdots + \alpha_i X_i, \quad WTP = \beta_0 + \beta_1 X_1 + \beta_2 X_2 + \cdots + \beta_i X_i$$

式中，$\alpha_i(i = 1, 2, \cdots, n)$，$\beta(i = 1, 2, \cdots, n)$ 分别为影响因子的参数。

农户是否愿意支付技术应用成本是离散型因变量，运用 Logit 模型的分布函数如下。

$$P_i(t = 1 \mid X_i) = F(a + \beta X_i) = \frac{1}{1 + e^{-(\alpha + \beta x_i)}} \qquad （公式 5-1）$$

$$1 - P_i = \frac{1}{1 + e^{-(\alpha + \beta x_i)}} \qquad （公式 5-2）$$

公式 5-1 中，t 表示是否愿意支付成本费用，愿意支付时 $t = 1$，否则 $t =$

0；X_i为影响支付意愿因素，对于给定X_i，P_i是愿意支付概率，$1-P_i$是不愿意支付的概率；$P_i/1-P_i$为愿意与不愿意支付行为的发生比。将公式展开经过变换可得Logit回归模型：

$$logit(P) = ln\left(\frac{P}{1-p}\right) = \beta_0 + \beta_1 X_{li} + \beta_2 X_{2i} + \cdots\cdots$$

$$\beta_k X_{ki} + \mu_i, \quad k = 1, 2, \cdots, n; \quad i = 1, 2, \cdots, n。 \quad （公式5-3）$$

公式5-3中，（$P/1-P$）表示农户是否愿意支付费用（被解释变量）；X_i（$i=1, 2, \cdots, n$）表示支付意愿影响因素（解释变量）；β_0为常数项（截距），β_1，β_2，$\cdots$，β_k表示回归系数；μ为随机误差项；k为解释变量的个数；n为调查样本容量。

5.2.2.2 农田生态系统服务功能价值评估

（1）生态系统服务价值评估。采用国内外权威的农田生态系统服务功能价值评估方法，对农田生态系统的四类主要服务功能进行评估。首先评价生态系统产生的物质量，之后再从货币价值量的角度评价生态系统所提供的服务功能价值。评估结果将作为补偿标准的理论上限，评估所需的数据将通过田间实验和实地调查获得。具体的评估框架见表5-2。

表5-2 农田生态系统服务功能评估框架

生态产品服务	物质量估算	价值量估算
初级产品提供（粮食、秸秆）	籽粒生物生产量 秸秆生物生产量	市场价值法（小麦、玉米平均价格1.0~1.2元/kg；秸秆的平均价格0.06~1.2元/kg）
固碳释氧平衡（固定CO_2，释放O_2）	每生产1g干物质能固定1.63g CO_2，释放1.20g O_2	①造林成本法（固定CO_2：260.9元/t C；释放O_2：352.93元/t O_2）②碳税法（固定CO_2：150美元/t C；释放O_2：400美元/t O_2）
涵养水源功能	土壤蓄水量法计算生态系统土壤水分涵养量	替代工程法（水库蓄水成本0.67元/m³）
营养物质循环与贮存	生物库养分持留法衡量系统营养物质循环功能大小	影子价格法（我国化肥平均价格为2549元/t，1990年不变价）

（2）预期生态服务成本核算。由于数据获取条件所限，我们仅考虑机会成本的一部分。农户应用技术而放弃替代活动收益的机会成本，维持土地利用变化的生产成本及项目实施的交易成本三部分构成技术应用预期生态服务成本。根据调查数据核算生态服务成本，计算结果将作为补偿标准的理论

下限。

本研究选取两项典型的保护性耕作技术，具体说明机会成本的构成见表5-3。

表5-3 农田土壤保护性耕作技术预期服务成本构成

技术类型	机会成本	实施成本	交易成本
机械化秸秆粉碎还田技术	①秸秆出售为青贮饲料收入 ②秸秆出售为其他用途收入 ③购买替代秸秆生活能源用品支出	①玉米收割机的收割+粉碎（一次）费用 ②秸秆粉碎机的粉碎费用（人工收割）	种植下茬小麦需要额外增加种子费用及灌溉水电费用（与玉米秸秆不还田时比较）
土壤深耕深松技术	①相同作业时间内的旋耕机机械服务费用 ②大中型拖拉机的油耗费用	①大中型拖拉机+深耕机的机械服务费用 ②深松机（全方位深松机）的机械服务费用	种植下茬小麦需要额外增加种子费用及灌溉水电费用（与正常耕作深度时比较）

5.2.2.3 补偿标准确定思路及方法

（1）补偿标准确定思路。农田清洁生产技术补偿标准确定思路，综合运用意愿价值评估法（CVM）、成本核算法及平均值估计法，分别求出补偿标准的参考值、理论上限值，并以前两个数值的平均值作为最终补偿标准的估计值，具体思路及方法工具如图5-5所示。

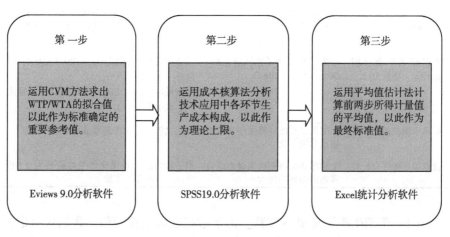

图5-5 补偿标准确定的思路与方法

（2）补偿标准核算方法。根据图5-5中的补偿标准确定的思路，进一步梳理计算步骤有五步。

第一步，描述性统计分析计算补偿意愿平均值。基于问卷调查数据，计算 WTP 与 WTA 的算术平均值。

第二步，计量经济模型计算补偿意愿拟合值。基于计量经济模型，估算 WTP 与 WTA 的拟合值，即期望的平均值。

第三步，计算前两步平均值，即补偿标准下限。基于前两步的计算结果，进一步求出平均值，以此作为补偿标准的下限。

第四步，计算被解释变量平均值，即理论上限。基于问卷调查数据，计算补偿意愿的算术平均值，以此作为补偿标准理论下限。

第五步，计算第三和第四步平均值，即估计值。基于第三步和第四步的计算结果，求出总体的算术平均值，以此作为最终补偿标准估计值。

5.3 技术选择与样本容量

5.3.1 技术选择的原则

本研究采用意愿价值评估法（CVM）作为主要技术工具，CVM 方法是在假想市场环境下，通过引导技术揭示受访者意愿及偏好。为了保证获取数据的有效性与可靠性，技术选择需充分考虑 CVM 假想特性的问题，从当地清洁生产技术应用现状出发，遵循以下 3 条标准。

5.3.1.1 具有应用的普适性

农田清洁生产技术尽量选择国家推广适用的技术，最好是受访者较为熟悉的农艺措施。由于受访者的亲身生产经验和经历，使得农户技术补偿意愿调查更接近于真实市场的买卖行为，有利于获得真实的意愿数值。

5.3.1.2 具有公共产品属性

农田清洁生产技术具有准公共产品属性，技术应用时表现出显著的正外部性，即农户采用技术获得的私人收益小于技术本身带来的社会收益，而农户却要承担增加的额外成本。因此，政府必须通过政策手段给予相应的经济补偿，才能激励生产者的积极性，保护农业生态环境及产品质量安全。由此，研究选择的农田清洁生产技术需具有典型的公共产品属性。

5.3.1.3 不具有市场竞争性

农田清洁生产技术对耕地环境质量的改善是一个长期过程，其间需要投入大量的生产设备、生产资料、人力资源和技术成本等，而投资回报率却往往较低，导致技术不具有市场竞争力，需要政策手段加以扶持。

5.3.2　样本容量的确定

本研究以笔者近年在华北和西南地区的农户调查为例进行实证研究。研究拟采用支付卡（Payment Card，PC）引导技术收集样本数据，样本容量确定采用置信区间法，即运用差异性置信区间、样本分布及百分率标准误差等概念来创建一个有效样本。确定期望的置信度主要考虑3点：一是本研究属于探索性研究，希冀为政府决策服务提供可靠建议，而非结论性研究，收集样本量不要求太大；二是研究区域农户生产行为变化程度不大，调查可接受误差精度不要求太高；三是综合考虑调查经费、人员及时间等各项因素，并参照农业经济领域同行研究成果，确定本研究合理的期望置信度。

基于上述原因，本研究运用95%和90%的标准置信区间换算成Z统计量（Z为α显著水平下的t检验值），95%的置信区间换算Z=1.96，90%的置信区间换算Z=1.64；根据百分率确定样本容量的公式：

$$N = \frac{Z^2[P(1-P)]}{e^2}$$ （公式5-4）

式中，N为样本量；P为概率值；e为误差值

Z为统计量，置信度为95%时，Z=1.96；置信度为90%时，Z=1.64；根据样本容量公式5-9，计算各项抽样标准样本量的大小，见表5-4。

遵循费用一定条件下精度最高的原则，针对工作基础比较扎实的调查案例，要求在95%的标准置信区间下，误差限值为3%~5%，用简单随机抽样估计P（P=0.5），则对应总体大小所需的样本容量为384~1067，要求样本容量较大才能符合精度要求。针对新开展的调查案例要求在95%的标准置信区间下，误差限为8%~10%，取P=0.5计算，对应总体大小所需的样本量为96~150，作为辅助研究案例，尽管样本容量较小也完全符合所要求的精度。

表5-4　置信区间法确定各项抽样标准样本容量

置信区间	Z（统计量）	e（误差值）	P（概率值）	N（样本容量）
95%	Z=1.96	3%	0.5	1 067
95%	Z=1.96	5%	0.5	384
95%	Z=1.96	10%	0.5	96

（续表）

置信区间	Z（统计量）	e（误差值）	P（概率值）	N（样本容量）
90%	$Z = 1.64$	3%	0.5	747
90%	$Z = 1.64$	5%	0.5	269
90%	$Z = 1.64$	10%	0.5	67

6 西南少数民族地区典型案例实证研究

6.1 贵州省黔东南自治州案例研究

本研究选择的第一个案例是贵州省黔东南苗族侗族自治州地区的部分农业生产大县，如图 6-1 所示。课题组于 2009 年 10 月、12 月分别到贵州省贵阳市和凯里市开展实地调研，并委托贵州省农业资源区划研究中心及贵州农科院的有关研究人员负责当地的问卷调查工作，调查组采取入户调查的方式收集有效问卷 74 份，为开展实证研究工作积累了丰富的第一手资料。

图 6-1　黔东南州行政区划图

6.1.1 研究区域农业经济现状

黔东南苗族侗族自治州位于云贵高原东南边缘，是世界苗侗族原生态文化遗产保留核心地和民族旅游胜地，属中亚热带温暖湿润季风气候区，农业生产条件适宜。黔东南州是全国 28 个重点林区之一，自然地理环境优越，在《贵州省国民经济和社会发展第十一个五年规划》中将黔东南确定为全省生态文明试验区。2008 年黔东南州农牧渔业总产值 97.02 亿元，位列全省第五；现有耕地 267.53 万亩，人均占有耕地 1.89 亩，粮食作物播种面积 430.92 万亩，主要农产品产量 144.49 万吨，其中水果产量 25.19 万吨，居全省第一。畜牧业生产以生猪、奶牛养殖为主，2008 年存栏为 177.43 万头和 70.82 万只（杨胜勇，2009；贵州省统计局等，2009）。

近年来，由于化肥施用结构的不合理，化肥流失率达 70% 以上，造成水体富营养化、土壤有机质含量降低和农作物品质下降等生态环境问题日趋严重。同时，滥施农药现象非常普遍，有些地区在蔬菜种植期内，施用农药不少于 10 次/hm^2，用药量不低于 1kg/hm^2，这不仅使水体、土壤、农产品遭受污染且稻田生态失去平衡、病虫害越治越严重（王月琴等，2003）。

本研究调查区域选择在黔东南州 3 个农业大县的 3 个典型村，即麻江县宣威镇翁保村、镇远县涌溪乡鸭溪村李家沟自然村及从江县高增乡银良村，如图 6-2 所示。调查区域属亚热带季风湿润气候，海拔 700～1 000 米，雨热同季的气候资源为农业生产提供优越条件。麻江县宣威镇翁堡村是贵州省 103 个新农村建设试点村之一，地处丘陵河谷盆地区，地势低矮平缓，年均

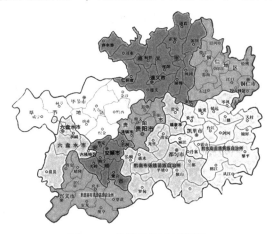

图 6-2　贵州省行政区划图

气温 16~17℃，年降水量 1 200 mm，无霜期 294~316 天。全村现有人口 2 370 人，苗族人口 2 023 人；耕地面积 3 954 亩，稻田 2 023 亩，旱地 1 922 亩，以水稻和玉米种植为主。2007 年粮食总产量 649 吨，蔬菜产量 229 吨，各类水果 262.8 吨。养殖生猪 1 845 头，出栏 1 000 头；家禽 102 099 只，出栏 64 865 只。2007 年农村经济总产值 498 万元，农民人均收入 2 310 元。全村有 50% 农户修建使用沼气，化肥主要施用复合肥。从江县高增乡银良村和镇远县涌溪乡鸭溪村李家沟自然村也都是生态文明建设村，现有人口分别为 1 986 人和 7 536 人，以苗族为主，耕地面积分别为 1 725 亩和 3 480 亩，主要种植作物为水稻和玉米，沼气普及率各自达到 60% 和 70%。

6.1.2　研究方法与问卷设计

本案例研究采用 CVM 方法开展农户对于农业清洁生产技术采纳的补偿意愿实证分析。由于样本容量有限，研究将开展样本总体均值的区间估计，以此来估算农户愿意采用农业清洁生产技术的补偿标准（Smith，2000；Mitchell，1989）。

实地调研中，我们发现当地农民在传统的生产方式下，为获得稳定收益而大量施用尿素、二铵等化肥，致使残留在土壤中的营养元素随雨水冲刷进入河流、湖泊，造成水体污染。农民对于农作物秸秆、畜禽粪便等有机废弃物利用不够充分，造成资源的浪费。

鉴于此，本研究将开展农户对于施用专用肥、秸秆还田及修建化粪池三项清洁技术采纳的补偿意愿问卷调查，调查采取面对面访谈的形式。问卷的设计思路：第一步，询问农户是否愿意在政府提供补贴的前提下采用农业清洁生产技术；第二步，对于愿意使用的农户则请其选择喜欢的补贴方式（包括现金和实物两种方式）；第三步，进入调查问卷的关键环节，请农户选择希望政府提供的补贴额度的大小；第四步，了解阻碍农户采用清洁生产技术的原因，调查相关配套政策的必要性程度（黄小芳等，2009）。

6.1.3　描述性统计分析

6.1.3.1　样本基本特征

本研究调查样本数量为麻江县宣威镇翁保村 34 户、镇远县涌溪乡鸭溪村李家沟自然村 30 户、从江县高增乡银良村 10 户，共计 74 户。从受访者的性别来看，男性占 87.8%，女性占 12.2%；受访者年龄大多为 30~60 岁，占 81.1%；少数民族多为苗族和侗族，分别占 55.4% 和 14.9%。从受访者文化程度来看，小学及以下 38 人，占 51.4%；初中及中专 32 人，占 43.2%；高中学历 3 人，大专 1 人，仅占 5.4%。从受访者家庭人口来看，家庭人口一般为 4~6 人，人口在 3 人以上的农户有 71 人，占 95.9%；家庭务农人数 2~4 人，劳动力 2 人的农户有 37 人，占 50%。从受访者农业生产情况来看，农民以种植水稻、玉米、油菜为主，少数农户玉米倒茬栽种烤烟，有 66.2% 的农户播种面积超过 5 亩，翁保村户均播种面积达 9.6 亩，可见粮食收入仍然是农民家庭收入的主要来源。农户家庭生猪养殖规模较大，户均饲养 6 头，饲养 10 头以上的农户有 15 户，占 21.4%；蛋鸡养殖规模不大，养鸡户有 45 户，占 60.8%，其中最大养殖户规模达 80 只。

6.1.3.2　补偿意愿分析

问卷假设政府将会对使用清洁生产技术的农户提供一定的经济补偿，开展农户采纳清洁技术的补偿意愿调查。调查的有效样本是 74 份，分析结果见表 6-1、表 6-2。

表 6-1　农户对于三类农业清洁生产技术采纳意愿统计　　　　单位：户

	配方肥采纳意愿		秸秆还田采纳意愿		建化粪池采纳意愿	
	数量	百分比	数量	百分比	数量	百分比
愿意	70	94.6%	30	40.5%	72	97.3%
不愿意	4	5.4%	44	59.5%	2	2.7%

表 6-2　农户稻谷、玉米秸秆主要利用方式及所占比例统计　　　　单位：户

稻谷秸秆	做饲料	垫圈	堆肥	直接还田	送人	制沼气
数量	53	61	9	8	1	3
占比例	71.6%	82.4%	12.2%	10.8%	1.4%	4.1%

玉米秸秆	做饲料	垫圈	堆肥	直接还田	焚烧	制沼气	丢弃	其他
数量	29	47	3	17	7	1	5	2
占比例	39.2%	63.5%	4.1%	23.0%	9.5%	1.4%	6.8%	2.7%

（1）大多数农民都愿意使用配方肥和修建化粪池。其中分别有 94.6% 和 97.3% 的农户愿意在政府提供补贴的前提下采用配方肥、建粪池这两种生产方式。主要原因是农民在当地政府部门大力宣传和生产实践的基础上，

亲身体会到配方肥的肥效较好，可以替代化肥使用。在被调查区域家庭养殖生猪和鸡的规模较大，畜禽粪便用于堆肥还田的比例为43.2%，用于产沼气的比例为56.8%。由于农民对养殖业废弃物采取了合理的利用方式，因此他们更乐于接受修建化粪池清洁工程技术。不愿意使用配方肥原因有二，一是自家地已经施用足够的农家肥，不用施化肥；二是担心配方肥价格过高，生产成本增加。不愿意建化粪池的农户有90%的人担心补贴资金落实不到位。

（2）少部分人愿意采纳秸秆还田技术。表6-1显示，只有40.5%农户愿意在政府提供补贴的前提下采用秸秆还田技术，而不愿意的比例达59.5%。通过分析表6-2，我们了解到当地农民对于秸秆的利用方式主要是垫圈和做饲料，只有少量作堆肥和直接还田，况且低山丘陵区道路崎岖不平，无论雇车还是畜力都十分不便，费事又费钱成为影响秸秆还田技术采纳的主要原因。

6.1.3.3 补偿方式选择

由于受客观因素的影响，翁保村和鸭溪村农户对于秸秆还田技术采纳的补偿方式问题回答有效样本只有30份，而其他两项技术的有效样本分别达69份和68份，见表6-3。

表6-3 农户对于三类农业清洁生产技术采纳的补偿方式意愿选择 单位：户

	作物专用肥补贴方式		秸秆还田的补贴方式		建化粪池的补贴方式	
	数量	百分比	数量	百分比	数量	百分比
现金	47	68.1%	17	56.7%	27	39.7%
实物	22	31.9%	13	43.3%	41	60.3%
有效样本	69	100.0%	30	100.0%	68	100.0%

在作物专用肥和秸秆还田两项技术的使用方面，农民更愿意现金的补贴方式。通过调查了解到，当地农民在化肥、农药上的生产支出是其成本投入的主要部分，为了保证粮食不减产，农民希望能够直接补贴现金购买专用肥。至于秸秆直接还田的成本投入主要是租机械、雇工和运输费用等几个方面，因此农民希望在这几个环节上给予补贴。

在修建小型化粪池清洁工程技术的采用方面，农民更侧重于实物补贴方式。由于修建化粪池需要水泥、沙子、砖头等建筑材料，算上人工费用则建1个池子至少需要600元。因此，农民非常希望能够直接提供基本建筑材料，哪怕自己出劳动力也愿意修建一个统一标准的化粪池。

6.1.3.4 补偿标准估算

本研究分别选择了水稻、玉米和油菜这 3 种主要大田作物，水稻秸秆和玉米秸秆两种产生量较大的废弃物，请农民选择若使用作物专用肥、采取秸秆还田及修建化粪池，希望获得的现金和实物补偿额度的大小。分析结果见表 6-4 和表 6-5。

表 6-4　农户对于专用肥及秸秆还田技术采纳的补偿标准意愿选择

单位：元/亩，户

	补偿金额	水稻专用肥		玉米专用肥		油菜专用肥		水稻秸秆		玉米秸秆	
		户数	比例	户数	比例	户数	比例	户数	比例	户数	比例
1	21~30 元					1	2.3%	3	10.0%	2	6.7%
2	31~40 元	7	10.0%	1	1.5%	2	4.7%	6	20.0%	6	20.0%
3	41~50 元	7	10.0%	7	10.3%	6	14.0%	6	20.0%	5	16.7%
4	51~60 元	8	11.4%	7	10.3%	4	9.3%	6	20.0%	8	26.7%
5	61~70 元	10	14.3%	9	13.2%	6	14.0%	2	6.7%	2	6.7%
6	71~80 元	6	8.6%	10	14.7%	4	9.3%	1	3.3%	2	6.7%
7	81~90 元	7	10.0%	11	16.2%	4	9.3%	2	6.7%	2	6.7%
8	91~100 元	12	17.1%	10	14.7%	2	4.7%	5	16.7%	5	16.7%
9	100 元以上	13	18.6%	12	17.6%	14	32.6%	—		—	
	有效样本	70	100.0%	68	100.0%	43	100.0%	32	100.0%	32	100.0%

表 6-5　农户对于修建化粪池防止粪便流失技术采纳的补偿标准意愿选择

单位：户

	650 元以上	501~550	451~500	401~450	351~400	301~350	251~300	201~250	151~200	100 元及以下
户数	27	6	7	—	3	7	7	7	2	3
比例	39.7%	8.8%	10.3%	—	4.4%	10.3%	10.3%	10.3%	2.9%	4.4%
有效样本					69					

（1）作物专用肥补偿标准意愿选择。本研究将农户希望的单位面积补偿标准划分为 9 个级别，按照金额由高到低划分为 3 个级别，即 81~100 元及以上为高级，51~80 元为中级，21~50 元为低级。水稻专用肥补偿标准调查的有效样本为 70 份，农户对于高、中和低级 3 个补偿级别的选择比例

分别为 45.7%、34.3% 和 20%。玉米专用肥补偿标准调查的有效样本为 68份，农户对于高、中和低级 3 个补偿级别的选择比例分别为 48.5%、38.2% 和 11.8%。根据农户的选择求解平均数则水稻专用肥的补贴标准为 74.2 元/亩，玉米专用肥为 77 元/亩，油菜专用肥为 75.2 元/亩。总之，农户希望政府能够提供的现金补偿越多越好，目的是缓解农户支付额外生产成本的压力，并补偿农户因减少施用化肥造成的产量损失。

（2）秸秆还田补偿标准意愿选择。水稻秸秆还田补偿标准调查的有效样本为 32 份，农户对于高、中和低级 3 个补偿级别的选择比例分别为 26.7%、30% 和 50%。玉米秸秆还田补偿标准调查的有效样本为 32 份，农户对于高、中和低级 3 个补偿级别的选择比例分别为 26.7%、30% 和 50%。根据农户的选择求解平均数，则水稻秸秆还田的补贴标准为 57.9 元/亩，玉米秸秆还田为 58.8 元/亩。与专用肥补偿相比，秸秆还田补偿的多少对于调动农户生产积极性作用不大。除了生产成本的问题，道路等基础设施不完善和生产习惯不易改变也是阻碍农户采用秸秆还田技术的主要因素。

（3）修建化粪池补偿标准意愿选择。本研究将农户希望的修建每个化粪池的补偿标准按每 50 元一个选项，包括 10 个选项，按照金额由高到低划分为 3 个级别，即 451~650 元及以上为高级，251~450 元为中级，100~250元为低级。修建化粪池补偿标准意愿选择调查的有效样本为 69 份，农户对于高、中和低级 3 个补偿级别的选择比例分别为 58.8%、25% 和 17.6%。根据农户的选择求解平均数，则修建化粪池的补贴标准为 458.2 元/个。大部分农户认为自家修建化粪池需承担的建设成本会比较高，如果政府能够多补偿一些建设成本的费用，农户还是非常愿意建化粪池的。

6.1.4 研究小结

综上所述，本研究通过在黔东南州开展农业清洁生产技术采纳补偿意愿的实证分析，对于补偿机制所包含的主要内容及其在不同区域生产实践中的内涵有了更清晰的认识，从而得出以下几点重要结论。

第一，在黔东南州少数民族贫困地区，农民急需政府提供补偿的农业清洁生产技术方向主要有两个：一是水稻、玉米等粮食作物专用肥施用技术；二是庭院修建化粪池清洁工程技术。补偿环节就是农户采用清洁生产方式所增加的成本投入环节，即购买专用肥费用、雇工费用、租用机械费用等。额外的生产费用支出是阻碍当地农民采纳清洁技术的重要因素。

第二，在选择采用作物专用肥和秸秆还田两项技术的补贴方式上，农民更喜欢现金补贴的方式；在建化粪池的问题上，农民则更愿意直接提供沙子、水泥等建材。对于现金补偿方式，政府不妨尝试分别与农户和专用肥厂签订专用肥补贴合同及专用肥委托代销合同。政府专用肥补偿金预付给厂家，厂家凭农户与政府签订的补贴合同按优惠价格卖给农民专用肥。政府要加强监管力度，厂家要诚实守信。

第三，在补偿标准的估算上，采用意愿价值评估法直接询问农户希望补贴多少才愿意采取某种清洁技术，即农户的采纳意愿。本研究由于样本容量有限，只对统计数据进行了初步分析，并根据技术标准选项求解平均数，则水稻专用肥的补贴标准为 74.2 元/亩，玉米专用肥为 77 元/亩，油菜专用肥为 75.2 元/亩。水稻秸秆还田的补贴标准为 57.9 元/亩，玉米秸秆还田为 58.8 元/亩。修建化粪池的补贴标准为 458.2 元/个。

第四，在农户对于政府可能采取的相关配套政策的偏好程度调查中，本研究选取了教育培训和技术指导、道路等基础设施建设以及无公害农产品市场建设等三项措施。结果表明，有近 60% 的农民认为开展技能培训和生产指导对于推动清洁技术有必要；有近 47% 的农民认为建好村级道路对于清洁技术的采用是有必要的；有不足 20% 的人认为市场建设会促进采用专用肥和秸秆还田等清洁技术。

基于以上结论，在农业清洁生产技术补偿机制完善的探索研究中，我们应该重点考虑以下几点：一是明确补偿标准估算方法。采用 CVM 方法获得农户采纳某项清洁技术的补偿意愿；根据农户采取清洁技术前后农业生产投入与产出的变化，核算出农户所减少的利润；比较两次计量结果，综合考虑补偿对象的承受能力，确定补偿标准。二是选择合理的补偿方式。以大多数农民的意愿选择为依据，以实际操作的简单易行为原则，确定合理的补偿方式。三是完善相应的配套激励政策。例如，开展农业清洁生产技术的教育培训，建立与完善农业清洁生产法律法规，加强道路等基础设施建设，以及农产品质量检测、认证与市场建设等。

6.2 云南省大理州洱源县调查案例研究

本研究选择的第二个案例在云南省大理白族自治州洱海流域地区，调查范围在洱海北部罗时江流域的邓川镇、上关镇，弥苴河流域的三营镇及永安江流域的右所镇，如图 6-3 和图 6-4 所示。课题组两次赴该研究区域开展实地调研，同时进行农业清洁技术采纳的补偿意愿入户调查工作，两次调研分别获得有效问卷 94 份和 55 份，合计 149 份。另外，本研究还参照了由中国农业科学院农业资源与农业区划研究所和华中师范大学于 2009 年 8 月在整个洱海流域的本底调查相关数据资料。

图 6-3 云南省行政区划图

图 6-4 大理白族自治州行政区划图

6.2.1 研究区农业发展现状

6.2.1.1 农业生产条件优越且基础稳定

洱源县是洱海的发源地,位于云南省西北部,大理白族自治州北部,属于北亚热带高原季风气候类型,具有干湿季分明、光照充足、立体气候和区域性小气候明显等特点。全县总面积 2 614 平方千米,总人口 27.75 万人。近年来,洱源县积极发展现代农业,大力发展高产、优质、生态农业,粮食作物良种率达 95% 以上,主要农产品产量稳步增长,粮食再获丰收。2008年全县农村经济总收入达 12.98 亿元,比上年增长 11.22%。全年粮食种植面积稳定在 38.75 万亩,总产量 14.18 万吨,比上年增长 2.43%。种植油菜2.13 万亩,产量 3 700 吨;种植烤烟 3.31 万亩,收购烟叶 10.05 万担,烟农收入 7 187.57 万元,实现烟叶税 1 511 万元。种植大蒜 5 万亩,产量 9.02万吨。全县核桃种植面积累计达 27.78 万亩,产量 2 532 吨;梅子面积达9.4 万亩,产量达 1.11 万吨。畜牧业良种引进和改良有效实施,全县畜牧业规模化、良种化、科技化进程不断推进。年末乳牛存栏 70 381 头,比上年增长 13%,鲜奶产量达 15.09 万吨,比上年增长 41%,实现奶农收入 2.86亿元,比上年增长 41%。洱源县的邓川镇、右所镇、三营镇,以及大理市的上关镇都是大理州的农业重镇,农业生产条件相似且基础较好,邓川镇和上关镇素有"鱼米之乡""乳牛之乡"的美称,是洱源县商品粮主产区,主要产业以种植业和畜牧业为主。右所镇和三营镇林木及饲草资源丰富,畜牧业发展具有得天独厚的优势。2007 年,邓川、右所、三营、上关各乡镇农业经济发展主要指标见表6-6。

表6-6　2007 年调查三个乡镇农业经济发展主要指标统计

指标\地区	邓川镇	右所镇	三营镇	上关镇
农牧渔业总产值（万元）	9 085	30 895	25 805	
农业从业人员（人）	5 518	23 175	19 425	15 043
年末耕地面积（亩）	8 950	35 311	60 373	20 565
粮食产量（吨）	6 555	22 566	28 731	13 241
年末乳牛存栏（头）	5 665	15 276	13 982	12 500
年末生猪存栏（头）	10 134	21 043	28 585	29 392
年末家禽存栏（头）	16 798	86 590	82 692	121 754
奶类产量（吨）	8 818	26 733	26 142	41 000

（续表）

指标 地区	邓川镇	右所镇	三营镇	上关镇
肉类产量（吨）	888	3 697	4 903	4 571
农村用电量（万千瓦时）	270	526	811	768
农用化肥施用量（吨）	904	2 850	4 868	2 081
农药使用量（吨）	14	58	51	8

资料来源：洱源县统计局编 . 2008 年洱源县国民经济和社会发展统计年鉴 .

6.2.1.2 农业生产现代化水平有待提高

（1）农业综合生产力水平较高。2007 年各乡镇农业生产力水平指标见表 6-7。邓川、右所、三营、上关镇的单位耕地面积粮食产量与全国平均水平的比率分别为 184%、223.4%、204% 和 238.2%，并远高于整个西部地区占全国平均水平的比率，即 71.1%。4 个乡镇农业劳均粮食和肉类平均产量占全国的 54.9% 和 76.4%，奶类的平均产量是全国的 11 倍，畜牧业产业基础雄厚、发展优势明显。

（2）农业现代化水平有待提高。从单位耕地面积用电量来看，上关镇高于全国平均水平的用电量，邓川、右所、三营 3 个乡镇单位耕地面积的用电量只占全国平均水平的 69%、47.4% 和 52.4%。从农业劳均用电量来看，4 个镇的平均水平占全国的 17.7%，用电水平相对较低。

表 6-7　2007 年调查三个乡镇农业现代化及农业工业化发展指标统计

指标 地区	土地综合 生产率 单位耕地 面积粮食 产量 （kg/亩）	农业劳动生产率 （农业劳均实物产量）			农业工业化发展水平			
		粮食 （kg/人）	肉类 （kg/人）	奶类 （kg/人）	单位耕地面积用电量 （kw·h/亩）	农业劳均用电量 （kw·h/人）	单位耕地面积农用化肥量 （kg/亩）	农业劳均使用化肥量 （kg/人）
全国	274.70	1 595.23	218.35	115.55	301.74	1 752.29	27.97	162.44
邓川镇	505.36	859.33	116.41	1 156.00	208.16	353.96	69.69	118.51
右所镇	613.66	792.29	129.80	938.60	143.04	184.68	77.50	100.06
三营镇	560.51	1 253.43	213.90	1 140.48	158.22	353.81	94.97	212.37
上关镇	320.18	599.87	207.09	1 857.47	379.54	347.94	102.84	94.28

资料来源：中华人民共和国国家统计局编 . 2008 年中国统计年鉴；洱源县统计局编 . 2008 年洱源县国民经济和社会发展统计年鉴 .

6.2.1.3 农业生产化肥施用过量污染严重

一是从年鉴统计数据分析结果来看，调查区化肥施用量过高。由表6-8可知，调查区域的单位耕地面积农用化肥施用量普遍较高，平均达到86.3kg/亩，是全国平均水平的3.1倍。所调查的4个乡镇农业劳均使用化肥量平均为131.3kg/人，占全国平均水平的80.8%。

表6-8 调查区分乡镇不同轮作模式氮、磷年施用量统计表

单位：千克/亩

模式	氮投入量（千克/亩）			磷投入量（千克/亩）		
	总氮	无机氮	有机氮	总磷	无机磷	有机磷
玉米—大蒜	122.85	12.27	111.6	9.57	11.25	2.7
玉米—蚕豆	45.26	6.27	40.34	5.09	4.93	1.18
平均	84.06	9.27	75.97	7.33	8.09	1.94
水稻—大蒜	59.9	6.66	47.89	3.78	12.01	2.89
水稻—蚕豆	30.03	5.82	19.17	3.21	10.86	2.60
平均	44.97	6.24	33.53	3.49	11.44	2.74
总平均	64.51	7.75	54.75	5.41	9.76	2.34

资料来源：《洱海流域农田面源污染调查报告》，该报告基于941份调查问卷。

二是从洱海流域样本调查结果来看，共调查了941户，其中主要轮作模式及肥料平均用量如下：玉米—大蒜轮作模式总氮、总磷投入量分别为122.85千克/亩和9.57千克/亩；玉米—蚕豆轮作模式总氮、总磷投入量平均分别为45.26千克/亩和5.09千克/亩。水稻—大蒜轮作模式总氮、总磷投入量平均分别为59.9千克/亩和3.78千克/亩；水稻—蚕豆轮作模式总氮、总磷投入量平均分别为30.03千克/亩和3.21千克/亩。调查区不同轮作模式的氮磷年平均投入量为64.51千克/亩和5.41千克/亩。由此可知，调查区内肥料投入量最高的种植模式是旱地的玉米—大蒜轮作模式，最低的是水田的水稻—大蒜模式。

6.2.2 研究方法与问卷设计

6.2.2.1 研究方法

本研究采用意愿价值评估法开展问卷调查，调查问卷必须要为调查对象提供足够的信息，而且使受访者清楚地理解每个问题。一方面，CVM调查问卷要让调查对象能够回答出一种公共物品或服务的变化给他带来多大的影

响。由于这种物品或服务不能在市场上交易，所以调查问卷中所描述的变化只能是假想性的；另一方面，因为许多 CVM 研究涉及的问题非常复杂，或者是调查对象不熟悉的，所以，调查问卷必须提供足够的背景知识，并清楚地表达每一个问题，这样才有可能让调查对象对所研究问题做出准确的货币评价。

6.2.2.2 问卷设计

本研究认为调查问卷设计应重点明确以下两个方面的问题。

（1）明确补偿对象是采纳农业清洁生产技术的农户

农户在使用清洁技术的过程中，为了使全社会避免环境污染的损害，并使全社会都能享受到环境保护所带来的公共物品效应，必须要做出某些方面的牺牲。例如，使用价格较高的配方肥、专用肥或有机肥；尽量将作物秸秆还田或将粪便还田；尽量采用人工除草或生物防治措施并少施农药。农户采用清洁技术而带来的生产方式的改变势必会增加各种人工、机械、肥料等成本投入的费用，同时还有可能造成产量的下降和收入的降低。

（2）明确补偿主体是国家以及各级地方政府部门

据理论界研究，我国农村公共物品具有地域性、不统一性和多层次性等多重特征。由基本农田、水利设施、农作物、农田生物及农村居住小区等所组成的农业生产生活环境具有公共物品效应，属于农村公共产品的范畴。由于对农业生产和农村生活环境的污染控制和环境治理，将会给整个社会或整个区域带来更多的环境效益和生态效益。因此，政府有义务代表公众承担补偿主体的责任。

本研究问卷的设计根据生产情况分为 4 个部分：第一，调查农户在水稻种植上是否使用过专用肥（配方肥），了解农户对于水稻测土配方施肥技术的认知程度；第二，假设政府将对施用配方肥的农户给予一定的补贴，询问农户是否愿意在享受补贴的前提下施用水稻配方肥；第三，如果农户愿意接受补贴，则询问农户希望政府提供的补贴额度及比较喜欢的补贴方式；第四，如果农户不愿意接受补贴，则询问其不接受的具体原因是什么；同时对政府提供的配套政策的必要性提出自己的意见。

6.2.3 样本特征与技术选择

本课题于 2009 年 7 月至 10 月先后组织课题组成员 3 人 4 次赴洱海北部地区开展问卷调研工作，共计收集有效问卷 149 份。具体是，2009 年 7—8月在云南省大理州洱海北部 4 个乡镇进行调研。本次调研所涉及的行政村是上关镇 2 个行政村、邓川镇 4 个行政村、右所镇 9 个行政村、三营镇 1 个行政村，共计 16 个行政村。此次调研共计收集有效问卷 94 份。2009 年 9 月 23—28 日在云南省大理州洱海北部 3 个乡镇调研。本次调研所涉及的行政村有上关镇的漏邑村、兆邑村，邓川镇的中和村、腾龙村，右所镇的松曲村、右所村，共计 6 个行政村。此次调研针对测土配方施肥、秸秆还田及畜禽粪便防止流失这 3 项技术开展了农业清洁生产技术采纳补偿意愿农户调查，共收集有效问卷 55 份。

6.2.3.1 样本基本特征

本研究调查样本数量为上关镇漏邑村 11 户、兆邑村 11 户；邓川镇中和村 12 户、腾龙村 8 份户；右所镇松曲村 6 户、右所村 7 户，共计 55 户。从受访者个人情况来看，男性占 65.5%，女性占 34.5%；农户年龄大多在 30~60 岁，占 87.3%；白族和汉族的受访者所占比例为 80% 和 20%。从受访者文化程度来看，小学及以下 23 人，占 41.8%；初中 31 人，占 56.4%；高中 1 人，占 1.82%。从受访者家庭人口来看，一般为 3~7 人，3 人以上的农户有 48 户，占 87.3%；家庭务农人数 2~4 人，劳动力 2 人的农户有 32 人，占 58.2%。

从受访者农业生产情况来看，多数农户在水田上大春种植水稻、小春种植大蒜或蚕豆；在旱田（平地）上大春种植玉米、小春种植蚕豆；在坡地上大春种植玉米、小春种植蚕豆或闲置。轮作制度以玉米—大蒜、玉米—蚕豆和水稻—大蒜、水稻—蚕豆为主。水稻、玉米、大蒜、蚕豆的户均种植面积分别为 2.42 亩、2.06 亩、0.86 亩和 2.3 亩。调查地区农户家里养殖奶牛和生猪，生猪的养殖规模相对较大，养殖 6 头以上有 6 户，占 10.9%，其中最大养殖户规模达 40 头，户均饲养生猪 3 头，饲养奶牛仅 2 头。

6.2.3.2 清洁技术选择

由于大理州政府于 2009 年初实施了水稻测土配方施肥补贴政策，调查区域农户在生产过程中已经采用了种养结合的生产模式，即种植业产生的秸秆等有机废弃物一般用来喂牛，牛粪也通常是堆在院外或田边发酵成粪肥；所以本案例研究选择当地农户熟悉的 3 种农业清洁生产技术进行补偿机制的实证分析研究。

这 3 种清洁技术是水稻（玉米）种植上的测土配方施肥技术、秸秆堆肥还田技术（水稻、玉米、大蒜、蚕豆）、畜禽粪便防止流失技术。首先，以农户熟悉的水稻测土配方施肥技术补贴为切入点，详细询问在政府提供补贴的前提下，农户对于上述 3 项技术的采纳意愿，以及农户所愿意接受的合适的补贴额度和补贴方式。其次，结合农户的切身感受了解其仍不愿采纳某项清洁技术的主要原因，从而深层次剖析农业清洁技术难以大面积推广的障碍因素。第三，调查农户对于政府提供的一系列配套政策的偏好程度和必要性大小。下面是以 3 项技术为例，对于调查结果的详细分析。

6.2.4 描述性统计分析

本研究选择 2009 年 9 月下旬在洱源县调研的 6 个自然村的 55 份问卷为有效样本，从农户对 3 种农业清洁采纳的补偿意愿、补偿方式和补偿标准 3 个方面进行分析，结果如下。

6.2.4.1 补偿意愿分析

（1）关于水稻配方肥施用技术的采纳意愿。大多数农户表示愿意在政府提供一定数量补贴的前提下施用水稻配方肥。在 53 份有效样本中，愿意施用配方肥的占 66%，不愿意施用的占 30.2%，两者比例为 2.19：1，见表 6-9。大多数愿意施用配方肥的农户主要是认为配方肥效果较好，国家补贴的水稻专用肥可用到玉米生产上，减少自家成本投入，还是比较划算的。然而，少部分农户不愿意（包括不清楚）施用配方肥，主要出于 3 个方面的考虑：61.1% 的农户担心配方肥的效果不好，造成作物减产；33.3% 的人认为自家已经施用足够的农家肥，基本不需要施化肥了；还有 5.6% 的农户对于科学施用配方肥的技术不太掌握，不敢轻易采用。

表 6-9　农户对于三类农业清洁生产技术采纳意愿统计　　　　单位：户

技术类型	水稻配方肥施用采纳意愿		秸秆堆肥还田采纳意愿				修建化粪池采纳意愿	
			玉米秸秆		大蒜秸秆			
统计结果	数量	百分比	数量	百分比	数量	百分比	数量	百分比
愿意	35	66.0%	8	14.5%	14	25.5%	24	48.0%
不愿意	16	30.2%	12	21.8%	14	25.5%	12	24.0%
未选择	2	3.8%	35	63.6%	27	49.1%	14	28.0%
有效样本	53	100.0%	55	100.0%	55	100.0%	50	100.0%

（2）关于秸秆堆肥还田技术的采纳意愿。大多数农户并不清楚或不愿意采用秸秆堆肥还田技术。在 55 份有效样本中，愿意将玉米和大蒜秸秆进行堆肥还田的分别占 14.5% 和 25.5%，不愿意的分别占 21.8% 和 25.5%，不清楚该项技术、没有回答的农户分别占 63.6% 和 49.1%。调查出现这种

结果的原因要从农民对于作物秸秆的利用方式分析入手。由表 6-10 可见，当地农户对于水稻秸秆的利用方式主要是做饲料喂牛或垫圈，两种用途合计占稻秆总量的 83%；对于蚕豆秸秆的利用则几乎全部磨碎作为饲料使用，占豆秆总量的 97.6%。因水稻和蚕豆秸秆主要是作为饲料过腹还田，农民几乎不会考虑将秸秆用于堆肥。大蒜秸秆由于气味难闻和适口性差等原因，大部分都被农民直接烧掉，占蒜秆总量的 84.2%；但因其有一定的杀菌作用，少部分也被用于直接还田。玉米秸秆的用途包括直接还田、做饲料、垫圈、直接燃烧、堆肥和其他等。各种利用途径占秸秆产生量的比例由高到低依次为：直接燃烧 39.0%、直接还田 19.5%、做饲料 18.5%、垫圈 9.0%、堆肥 7.3%、其他 6.6%。农民之所以选择将玉米秸秆直接燃烧或还田主要考虑两个原因：一是觉得将秸秆堆沤以后再还田费工又费时，还不如出去打几天工；二是已经施用足够的农家肥，基本不需要进行秸秆堆肥还田了。

表 6-10 水稻、玉米、大蒜、蚕豆秸秆利用途径及所占比例统计表 单位：户

秸秆类型	有效样本		秸秆利用途径					
	数量	比例	直接还田	作饲料	垫圈	堆肥	直接燃烧	其他
玉米秸秆	41	74.5%	19.5%	18.5%	9.0%	7.3%	39.0%	6.6%
大蒜秸秆	33	60.0%	12.1%	—	—	—	84.3%	—
水稻秸秆	49	89.1%	—	72.5%	10.5%	—	—	15.4%
蚕豆秸秆	49	89.1%	—	97.6%	—	—	—	2.4%

由此可知，在云南省洱海流域的农业生产区农作物秸秆还田技术的人工成本，以及当地农家肥对于秸秆堆肥的替代问题是阻碍技术推广的主要因素。

（3）关于修建化粪池技术的采纳意愿。大部分农户还是非常愿意修建池子的，但也有少部分人积极性不高。在 50 份有效样本中，有 48% 的农户表示愿意在政府提供补贴的前提下修建化粪池，修建的地点希望选择在田旁路边或门口空地上；有 24% 的农户不愿意修化粪池，主要是觉得院子或田边的空地太小，如果所建粪池不够大，使用不便，对于防止粪便流失作用不大。另外，有 28% 的农民由于没有养牲畜或不清楚化粪池的作用没有做出回答。

6.2.4.2 补偿方式选择

（1）农户对于施用配方肥的补贴方式意愿选择。在55份有效样本中，有40%的农户更愿意接受实物形式的补贴，大多数人认为每亩地补贴1包化肥就行了；有18.2%的农户愿意接受现金形式的补贴，大多数人认为每亩地至少要补贴1包化肥的一半价钱才行，见表6-11。此外，还有41.8%的农户对于作物配方肥（专用肥）技术不清楚，没做回答。可见，在我国西部地区对于测土配方施肥技术的宣传和推广力度仍有待加强。

表6-11　农户对于三类农业清洁生产技术采纳的补偿方式意愿选择统计

单位：户

技术类型	作物配方肥补贴方式		秸秆堆肥还田补贴方式				建化粪池补贴方式	
			玉米秸秆		大蒜秸秆			
统计结果	数量	百分比	数量	百分比	数量	百分比	数量	百分比
现金形式	10	18.2%	7	12.7%	11	20.0%	13	26.0%
实物形式	22	40.0%	1	1.8%	2	3.6%	9	18.0%
其他形式	—	—	—	—	—	—	2	4.0%
未选择	23	41.8%	47	85.5%	42	76.4%	26	52.0%
有效样本	55	100.0%	55	100.0%	55	100.0%	50	100.0%

（2）农户对于秸秆堆肥还田的补贴方式意愿选择。调查中发现当地农民对于秸秆的处置都本着省时、省力的原则，简单处理并常规利用，很少考虑将秸秆堆沤后还田。在55份有效样本中，分别有12.7%和20%的农户愿意接受现金形式的补贴，极少部分人愿意接受实物形式的补贴。此外，对于玉米秸秆堆肥还田的补贴方式有85.5%农户选择不清楚或不采用，大蒜秸秆也有76.4%的农户做了相同的选择，见表6-11。可见，秸秆堆肥还田这项技术在洱海北部地区不适于大力推广。

（3）农户对于修建化粪池的补贴方式意愿选择。在50份有效样本中，有26%的农户愿意接受现金补贴的形式来修建化粪池，有18%的农户则希望政府提供水泥、砖等建筑材料，两者的比例为1.4∶1，愿意接受现金形式补贴的人更多一些，见表6-11。此外，还有52%的农户由于担心建设场地和粪池大小的原因选择不清楚或不采用。

6.2.4.3 补偿标准估算

调查问卷针对水稻、玉米专用肥技术，玉米、大蒜秸秆堆肥还田技术，以及修建化粪池防粪便流失技术等询问农户愿意采纳的受偿意愿。问卷将补偿标准设计为 11 个选项，每 10 元为 1 个选项，10 元及以下为最低，直到 100 元以上为最高。调查过程中让农户按照自己的意愿对补偿额度进行选择，分析结果如下。

(1) 水稻、玉米专用肥补偿标准意愿选择。表 6-12 显示，在 55 份有效问卷中，分别有 29 人和 30 人表达了愿意接受施用水稻和玉米专用肥补偿的意愿，占样本总数的 52.7% 和 54.5%。从农户的选择结果来看，分别有 23.7% 和 22.6% 的农户希望政府提供的水稻和玉米专用肥的补贴在 41~60 元；按照选择求解平均数，则水稻专用肥的补贴标准为 47.1 元/亩 (1 亩 ≈ 667 平方米。全书同)，玉米专用肥的补贴标准为 54.5 元/亩，两者的平均值为 50.8 元/亩。

经过深度访谈和多方询问了解到，当地农户普遍希望政府每亩地能够补贴 1 包化肥的价钱。根据 2009 年底云南省尿素的零售价格计算 (尿素：2100 元/吨)：若每包 50 千克，则尿素价格为每包 105 元；若每包 40 千克，则尿素价格为每包 84 元。可见，农民希望得到的补贴标准要明显高于其选择的补贴金额，大约是所选择补贴金额的 2 倍。两者之间的差异说明，农民出于某些思想顾虑或对问卷调查目的的不了解，在进行标准选择的时候往往采取折中的办法。

(2) 玉米、大蒜秸秆堆肥补偿标准意愿选择。表 6-12 显示，在 55 份有效问卷中，分别有 19 人和 30 人表达了愿意接受大蒜和玉米秸秆堆肥还田技术补偿的意愿，占样本总数的 34.5% 和 54.5%。大部分人不愿意大蒜秸秆堆肥还田的原因有三，一是堆肥效果不好，大蒜秸秆的味道太大；二是堆肥成本较高，每亩运输费和人工费 100~150 元；三是蒜秆已被切割成小段撒到田里，不需要堆肥还田。玉米秸秆堆肥还田技术大部分农户还是愿意采用的，不愿意玉米秸秆堆肥还田的原因有三，一是农家肥已足够，不需要秸秆堆肥还田；二是堆肥费工又费力，更愿意出去打工；三是担心堆肥效果不好，影响产量。实际调查中发现，虽然有相当部分农户表达了愿意接受补偿的意愿，但由于大蒜和玉米秸秆已有固定的利用方式，如全部焚烧、做饲料、垫圈或送人，所以只有 15 人对大蒜秸秆还田补偿标准做出选择，8 人对玉米秸秆堆肥还田做出选择。根据农户的选择求解平均数则大蒜秸秆还田的补贴标准为 68.7 元/亩，玉米秸秆为 57.5 元/亩。

表 6-12　农户对于专用肥及秸秆还田技术采纳的补偿标准意愿选择统计

单位：户

	补偿金额	水稻专用肥		玉米专用肥		大蒜秸秆		玉米秸秆	
		户数	比例	户数	比例	户数	比例	户数	比例
1	10 元及以下	3	5.5%	2	3.6%	5	9.1%	22	40.0%
2	11~20 元	1	1.8%	1	1.8%	——	——	——	——
3	21~30 元	3	5.5%	2	3.6%	——	——	——	——
4	31~40 元	2	3.6%	1	1.8%	3	5.5%	1	1.8%
5	41~50 元	9	16.4%	7	12.7%	4	7.3%	3	5.5%
6	51~60 元	4	7.3%	6	10.9%	——	——	——	——
7	61~70 元	——	——	1	1.8%	1	1.8%	2	3.6%
8	71~80 元	2	3.6%	1	1.8%	0	0.0%	1	1.8%
9	81~90 元	——	——	1	1.8%	1	1.8%	1	1.8%
10	91~100 元	2	3.6%	4	7.3%	3	5.5%	——	——
11	100 元以上	3	5.5%	3	5.5%	2	3.6%	——	——
	补偿意愿及比例	29	52.7%	30	54.5%	19	34.5%	30	54.5%
有 效 样 本					55				

注：由于在玉米专用肥的选择中有 1 位农户表示不愿意施用，所以该列表达补偿意愿总数为 30 户

（3）修建化粪池补偿标准意愿选择。问卷将农户希望修建化粪池的补偿标准按照每 100 元为 1 个选项，200 元及以下为最低，1 000元及以上为最高。表 6-13 显示，在 55 份有效问卷中，有 33 人表达了愿意接受修建化粪池补偿的意愿，占样本总数的 60%；其中 21.8%的农户希望补贴金额在 200 元及以下，另有 20%的人选择补贴金额为 401~500 元。当地农户不愿意接受补偿的原因有五，一是政府已帮助建好，刚投入使用；二是自家已建小型化粪池，不用再建；三是养牛较少，牛粪施到地里还嫌不够，不用建化粪池；四是农户家里没有养牛或猪等牲畜；五是自家院落太小没地方修建化粪池。根据农户的选择结果求解平均数，则修建化粪池的补贴标准为 384.8 元/个。通过调查了解到，如果家里具备修建化粪池的条件，政府又没有统一修建，大多数农户还是很愿意接受政府提供的现金补偿，并希望补贴金额能够高一些，至少达到建设费用的一半。

表 6-13　农户对于修建化粪池防止粪便流失技术
采纳的补偿标准意愿选择　　　　　　单位：户

	200 元及以下	201~300	301~400	401~500	501~600	601~700	701~800	801~900	901~1 000	1 000 元及以上	补偿意愿
户数	12	5	4	11						1	33
比例	21.8%	9.1%			7.3%	20.0%				1.8%	60%
有效样本						55					

6.2.4.4　政策偏好调查

本研究还开展了农户对于政府提供相关配套政策偏好程度的调查，我们选择了开展教育培训和技术指导、完善道路和水渠等基础设施、加强无公害农产品市场建设等 3 项配套政策。问卷假设农民在采用某项清洁技术的过程中，政府将配套实行这 3 项政策，让农民根据自己的理解选择认为每项政策的必要性程度。调查结果如图 6-5 和图 6-6 所示。

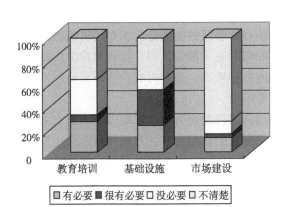

图 6-5　鼓励农户施用配方肥政策偏好统计图

由图 6-5 和图 6-6 可知，对于鼓励推广使用水稻及玉米配方肥而言，农民觉得最有必要的措施是完善农村道路、沟渠等配套基础设施，选择的比例为 54.5%；其次是开展农民教育培训和实用技术指导，选择的比例占 32.7%；最后是加强无公害农产品市场建设，选择的比例仅为 16.4%。对于鼓励农户采用秸秆堆肥还田技术方面，农户认为最有必要的措施同样是完善道路、沟渠等配套基础设施建设，有 10.9% 的人做了选择，另有 14.5% 的人认为开展教育培训和技术指导也是有必要的。

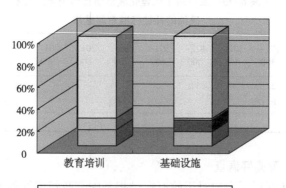

图 6-6　鼓励农户秸秆堆肥的政策偏好统计图

6.2.5　研究小结

综上所述，本研究通过在云南省大理白族自治州洱海流域地区开展农业清洁生产技术采纳补偿意愿的实证分析，对于洱海流域地区影响农户采纳农业清洁生产技术的原因有了深刻认识，针对农户生产成本增加的环节确定各项清洁技术采用的补贴环节；通过对农户采用清洁技术的补偿意愿调查和分析，得出以下重要结论。

第一，在大理白族自治州洱海流域地区，适宜大力推广的农业清洁生产技术是水稻、玉米配方肥施用技术、修建化粪池防止粪便流失技术；不适宜推广的是秸秆堆肥还田技术，主要原因是秸秆大部分被直接烧掉了，农民根本不用来堆肥还田。研究所考虑的补贴环节就是农户生产成本增加环节，包括购买配方肥费用、化粪池建设费用及机械费用等。

第二，在采用清洁技术补贴方式的选择上，对于配方肥的施用农户更愿意接受实物形式的补贴，认为直接补贴肥料用起来更方便一些；对于修建化粪池的农户则愿意接受现金形式的补贴，由于修建化粪池投资成本较高，农户不愿意自己掏钱修建，因此如果政府能够补贴一部分现金修建粪池还是很愿意的。

第三，在各项清洁技术补偿标准的估算上，同样由于课题时间短暂，不可能进行大规模的调研，所以受样本容量的限制对调研数据进行了求解平均数等初步统计分析，并得到如下结果：一是施用专用肥方面，农民希望获得的水稻专用肥补贴额度为 47.1 元/亩，玉米专用肥的补贴额度为 54.5 元/

亩，两者平均值为 50.8 元/亩。二是玉米、大蒜秸秆堆肥还田方面，农民希望玉米秸秆堆肥还田补贴额度为 57.5 元/亩，大蒜秸秆还田的补贴额度为 68.7 元/亩。三是修建化粪池方面，农户希望每个家用小型化粪池的补贴额度为 384.8 元/个。

第四，在农民对于配套政策偏好程度调查中，将调查结果进行估算，得出如下结论：有将近 40% 的农民认为，政府加快修建农村道路和沟渠等基础设施建设对于推广农业清洁生产技术是有必要的；另有约 25% 的农民认为，政府开展教育培训和技术指导对于鼓励农民采用农业清洁生产技术是必要的；此外还有不足 20% 的农民认为，加强无公害农产品市场建设是有必要的。

7 华北平原农业主产区典型案例实证研究

7.1 研究区域与数据来源

本研究选择的第三个案例在河北省徐水区的种植业生产主要乡镇。课题组于 2014 年 7 月 10—16 日在徐水开展农户调查，调查组分为 2 个小组，每组 4 人，调查时间基准点是 2013 年，问卷主要内容涉及农户 2013—2014 年冬小麦和 2013 年夏玉米的生产情况。调查由于采用面对面访谈的形式，在完成的 513 份调查问卷中，回收有效问卷 502 份，有效率达 97.9%。

图 7-1 徐水区行政区图

7.1.1 研究区域概况

徐水区是河北省中部的产粮大区，现辖 14 个乡镇的 304 个行政村。全区农业生产条件优越，为典型的冬小麦/夏玉米一年两熟制；常年各类农作物种植面积约 7.2 万 hm²，粮食作物面积约 5.9 万 hm²。秸秆年产量大约 70.6 万 t，其中小麦秸秆约 24.8 万 t，玉米秸秆约 42.5 万 t，其他农作物秸秆约 3.3 万 t。年秸秆还田面积 4.6 万 hm²，还田量 49.4 万 t，分别占种植面积和秸秆总量的 63.5% 和 70.1%；青贮、氨化秸秆 10.8 万 t，占秸秆总量的 15.3%。全县秸秆综合利用率保持在 87.3%，秸秆未被利用率为 12.7%；小麦秸秆还田比例达到 100%，玉米秸秆粉碎还田的比例达 85%，仍有较大的推广空间。全县现有秸秆粉碎还田机 1300 台，平均每个行政村拥有 3~4 台秸秆粉碎机，机械化装备水平已不是秸秆粉碎还田的主要障碍。

2010—2014 年，课题组在徐水区开展农户生产现状调查。根据连续几年的农户生产投入调查数据显示，粮食作物的生产成本投入主要包括种子、化肥、农药、灌溉和机械等五项。随着北方农村农业机械化水平的迅速提高，机械化作业成本所占比例由 2010 年的 16.9% 提高到 2014 年的 43.7%，见表 7-1。当前，各地大力推广机械化秸秆粉碎还田技术，玉米秸秆直接粉碎还田已经成为主要生产方式；玉米生产者承担越来越多的秸秆粉碎和机耕翻埋费用，玉米的市场价格却连年下跌，农民收入微薄。因此，针对种地农民的补偿政策机制改革势在必行。

表 7-1　徐水区 2010—2014 年玉米生产各项成本费用所占比例统计表

年份	调查时间	种子成本	化肥成本	农药成本	灌溉成本	机械成本
2010	8 月 9—13 日	13.6%	52.4%	5.9%	11.2%	16.9%
2012	8 月 27—30 日	12.9%	43.5%	5.0%	11.1%	27.4%
2014	7 月 10—16 日	9.9%	33.9%	4.9%	7.6%	43.7%

7.1.2　数据来源

研究采用目标抽样与分层抽样相结合的方法，样本量的确定主要考虑两方面原因：一是本研究属于探索性研究，主要目的是为决策提供科学可行的建议，而非结论性研究，收集样本量不要求太大；二是研究地区农户生产行为方式变化不大，调查可接受误差精度不要求太高。因此，综合考虑经费、人力、时间等因素，遵循"费用一定条件下精度最高"的原则，要求在 95% 的标准置信区间下，误差限为 4%~5%，用简单随机抽样估计 P（取 P=0.5 计算），对应总体大小所需的样本量为 384~600。

具体调查方案如下：目标抽样考虑徐水区种植业的总体布局，选择中东部以粮食作物种植为主的 10 个乡（镇）作为目标区域。分层抽样参照当地负责农业生产的专家及科技推广人员意见，根据农业生产条件及秸秆还田技术普及程度，将 10 个乡（镇）划分为三个层次：安肃镇、崔庄镇、遂城镇和高林村镇生产条件最好，为第一层；东史端乡、漕河镇、留村乡生产条件较好，为第二层；大王店镇、正村乡、大因镇生产条件一般，为第三层。每个层中的各乡（镇）分别抽取 2 个行政村，共计 20 个行政村，每个村随机选择 26 户受访者构成样本总体。调查具体方案见表 7-2。

表 7-2　徐水区 2014 年玉米秸秆还田补偿意愿问卷调查方案设计

	乡（镇）	行政村	抽取样本村	计划样本（户/村）	"√" 还田；"×" 不还田
1	安肃镇	39	中孤庄营、南孤庄营	26	√（1），×（1）
2	崔庄镇	26	东崔庄村、商平庄村	26	√（1），×（1）
3	遂城镇	31	东关村、城北村	26	√（1），×（1）
4	高林村镇	21	田村铺村、六里铺村	26	√（1），×（1）
5	漕河镇	27	勉家营、平家营、米家营	26	√（1），×（1）
6	大因镇	25	汉阳村	26	√（2）
7	大王店镇	28	东街村、曲水村	26	√（2）
8	东史瑞乡	15	陈庄村、北营村	26	√（2）
9	留村乡	18	常乐村、大营村	26	√（2）
10	正村乡	16	元头村、东公村	26	√（2）
合计		246	20 村	520 户	还田 15 村（390 户）不还 5 村（130 户）

7.2　问卷设计与变量选择

7.2.1　问卷设计

本研究在问卷设计环节为了避免可能产生的偏差，达到理想的效果分别在徐水区安肃镇、漕河镇、留村乡进行了预调查，以考察问卷的质量。徐水区正式调查问卷设计包含建立假想市场、相关因素调查和核心估值问题设计三个方面。

（1）建立假想市场。通过两个关键环节完成。一是向农户发放《秸秆粉碎还田技术讲解》小册子，使农户在短时间内了解机械化秸秆粉碎还田技术；二是向农户介绍秸秆还田补偿政策项目，让农户更多地了解国家鼓励秸秆还田的激励性政策措施，营造补贴政策实施的假想市场真实感，以消除构建假想市场的偏差。

（2）相关问题设计。选择 5 组预期影响农户技术应用行为的特征变量，即个体特征变量、生产经营变量、环境认知变量、社会资源变量和政策认知变量，并分别设计一组问题来测量。其中，社会资源变量在国内同类研究文献中比较少见，环境认知和政策认知变量的问题重点调查受访者对于环境问题的评价和激励环保型生产行为政策的认知，因而增强了数据的可信度。

（3）WTP 核心估值问题。问卷设计将核心估值问题与后续确定性问题相结合，避免了受访者没有说真话而造成的支付意愿的变差。支付意愿的问题首先假设政府补贴资金有限，不能负担全部的秸秆粉碎及机耕还田费用，询问受访者是否愿意自己支付部分费用。如果受访者愿意支付（WTP>0），则询问受访者单位种植面积愿意支付多少数额（WTP）。问卷设计后续确定性问题，让受访者表达行动的可能性[92]。研究选择 10 刻度量化表的形式，量化行动意愿的可能性。核心估值问题如下：

第一，政府要大力推广机械化秸秆粉碎还田，为减轻农民负担，将对秸秆粉碎和还田还田发放现金补贴；由于补贴资金有限仍需自己支付部分费用，请问您单位面积最多愿意支付多少钱呢？（单位面积采用农业生产中普遍使用的"亩"作为计量单位）。WTP 投标值按照粉碎和机耕费用比例共分 11 个选项：5%、10%、20%、30%、40%、50%、60%、70%、80%、90%、100%。

第二，如果 2014 年实施玉米秸秆还田补贴政策，您认为自己有多大可能性会支付这些费用呢？1 代表非常不确定（根本不会），10 代表非常确定（一定会），请在下面分值中选择[92][198]。

       1   2   3   4   5   6   7   8   9   10
（非常不确定）   （非常确定）

调查中受访者对核心估值问题的某个投标值回答"是"之后，请其在 10 刻度量度表上表达有多大可能性真的支付。根据受访者对后续问题的回答进行修正，即将确定度小于某一数值的受访者并入"不太愿意支付"。本次调查的确定性门槛定为"8"，凡是答案选择小于或等于"8"的样本，研究都认为是"不太愿意支付"。

（4）WTA 的核心估值问题。假设政府将对实施秸秆粉碎还田的农户发放补贴，请问农户是否愿意接受？如果愿意接受，则询问其愿意接受的额度是多少？WTA 投标与 WTP 相同，也划分为 11 个选项。

7.2.2 变量选择

补偿意愿影响因子选择主要基于已有文献分析及实际调查情况确定。对于县级区域来说，自然资源、气候差异及种植制度等因子对农户行为影响差异不大。本研究结合问卷设计，引入 5 组特征变量，一是个体禀赋特征变量，包括性别、年龄、受教育程度以及务农时间；二是生产经营特征变量，包括家庭总收入、劳动力比率、耕地面积、使用机械收割以及各项生产成本费用等；三是环境问题认知变量，包括对生态环境问题、对化肥农药引起土壤污染及对土壤污染程度认知等；四是社会资源特征变量，包括信息来源途径、问题求助对象以及对别人意见采纳；五是惠农政策认知变量，包括举办技术培训、参加培训、农机购置补贴政策认知、秸秆还田政策认知以及惠农政策排序。变量赋值及影响预期见表 7-3。

表 7-3　变量的描述性统计分析

变量	变量定义及说明	平均值	标准差	预期方向
户主 X_1	0＝不是，1＝是	0.68	0.469	+/-
性别 X_2	0＝女，1＝男	0.62	0.487	+/-
年龄 X_3	1≤25，2＝26~35，3＝36~45，4＝46~55，5＝56~65，6≥66 岁	4.56	1.059	+/-
教育程度 X_4	1＝小学以下，2＝小学，3＝初中，4＝高中，5＝大专及以上	2.62	0.846	+
务农时间 X_5（月/年）	1＝1，2＝1.1~3，3＝3.1~6，4＝6.1~9，5＝9.1~12	2.02	0.614	-
家庭总人口 X_6	家庭人口数	5.26	1.783	+/-
家庭总收入 X_7（万元）	1≤1，2＝1~2，3＝2~3，4＝3~4，5＝4~5，6＝5~7，7>7，8＝不知道	3.13	1.379	
劳动力比率 X_8	1≤20%，2＝21%~40%，3＝41%~60%，4＝61%~80%，5≥81%	2.53	0.923	
农业纯收入 X_9（元）	1≤800，2＝801~1 000，3＝1 001~1 200，4＝1 201~1 500，5＝1 501~1 900，6≥2 000	2.38	0.963	+
耕地面积 X_{10}（亩）	1≤3，2＝3.1~6，3＝6.1~9，4＝9.1~12，5＝12.1~20，6≥20.1	2.10	0.867	+
机械收割 X_{11}	0＝不使用，1＝使用	0.74	0.437	+

变量	变量定义及说明	平均值	标准差	预期方向
分项成本 X_{12-16}	种子、化肥、农药、灌溉、机械等各项成本费用	–	–	+/-
亩收割费用 X_{17}	每亩机械化收割费	109.542	47.631	+
生产总成本 X_{18}	玉米种植总成本费用	2 394.668	1 294.129	
销售收入 X_{19}	玉米销售的年收入	5 033.125	3 417.583	
环境问题关注 X_{20}	0=不关注，1=关注	0.81	0.389	+
土壤污染关注 X_{21}	0=没污染，1=有污染	0.73	0.444	+
污染程度评价 X_{22}	非常严重——没有污染（1→5）	3.09	1.252	+
信息来源途径 X_{23}	0=不是亲朋和村民，1=来源于亲朋和周边村民	0.33	0.472	+
问题求助别人 X_{24}	0=不求助于周边人，1=主要求助于亲朋和周边村民	0.51	0.500	+
别人意见采纳 X_{25}	0=不采纳，1=采纳	0.52	0.500	+
举办技术培训 X_{26}	0=没有，1=有	0.20	0.403	+
参加技术培训 X_{27}	0=没参加过，1=参加过	0.13	0.338	+/-
农机购置补贴 X_{28}	0=不知道，1=知道	0.54	0.499	+
秸秆还田补贴 X_{29}	0=不知道，1=知道	0.13	0.334	+
粮价提高政策 X_{30}	0=不支持，1=支持	0.96	0.200	+
惠农政策排序 X_{31}	1=增加补贴，2=修建道路，3=信息公开，4=技术培训，5=加大处罚	3.09	1.384	+

注："+"代表正向作用，"–"代表负向作用，"+/-"代表可能为正也可能为负。

7.3 描述性统计分析

本研究基于徐水区 502 份问卷调查数据，运用 SPSS 19.0 和 Excel 统计软件进行基本统计量的描述性统计分析，分析结果如下。

7.3.1 个体禀赋特征

受访者本人是户主的有 339 人，占总人数的 67.5%，户主中的男性受访者有 295 人，占户主人数的 87%。由于男性户主是家庭生产经营活动的决策者和主要参与者，其意愿表达更具有决定性和代表性。受访者文化水平较低，初中文化占 43.6%，小学文化占 34.1%，如图 7-2 所示。受访者年龄结构偏大，46 岁以上的中老年人占 84.7%，35 岁以下青年人仅占 3.2%，说明从事农业生产的多是中老年人，年轻人则外出打工较多，如图 7-3 所示。受访者每年两季生产务农时间较短，累计不超过 3 个月占样本的 83.4%，说明农业机械化的普及使农业生产力极大提高。户均耕地面积为 0.35hm²（合 5.18 亩），家庭耕地面积 0.4hm²（合 6 亩）以下的占 72.3%。受访者家庭年均总收入在 1.0 万~3.0 万元的占总人数的 48.4%，农业纯收入每亩 1 000 元以下的受访者人数占 59.1%，如图 7-4、图 7-5 所示，粮食纯收入的平均值为 5.63 万元/hm²（合 3 752.21 元/亩）。

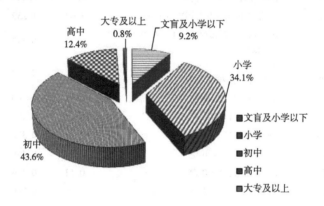

图 7-2　受访者受教育程度分布情况

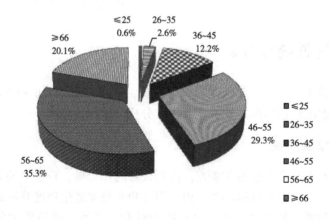

图 7-3　受访者年龄结构分布比例

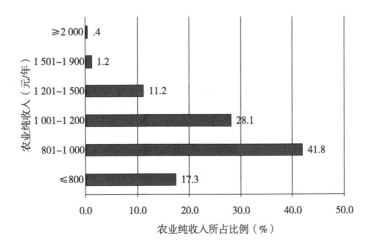

图 7-4 受访者农业纯收入所占比例

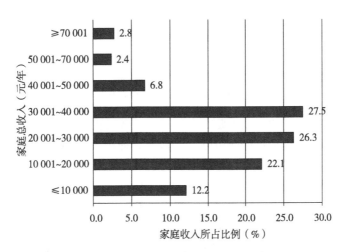

图 7-5 受访者家庭总收入所占比例

7.3.2 生产经营特征

受访者从事玉米种植的生产成本主要有种子、化肥、农药、灌溉及机械费用等五项。基于 502 份有效样本的统计分析，各项成本费用均值占总生产成本费用的比例由高到低依次为机械成本占 43.7%、化肥成本占 33.9%、种子成本占 9.9%、灌溉成本占 7.6%、农药成本占 4.9%，如图 7-6 所示。此外，研究汇总 20 个行政村的家庭人口及玉米生产成本、效益情况，表 7-4 显示，受访者家庭平均总人口 5 人，劳动力 2 人，耕地面积 0.33hm² （5亩）；生产显性成本主要包括种子费用、化肥费用、农药费用、水电费用、机械费用等，平均值为 6 982.5元/hm²，出售玉米净收益为 7 200元/hm²；如果采用机械化秸秆粉碎还田，那么秸秆粉碎与机耕两项费用之和的平均值为 1 650元/hm²。

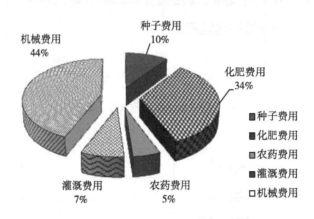

图7-6　玉米种植生产成本所占比例分布图

受访者玉米秸秆的用途主要有直接还田、做饲料、做基料、做燃料、出售、送人等六种，除了直接还田以外，其余五种用途均当做没有直接还田。从调查数据分析，玉米秸秆直接还田的占 80.9%，没有还田的仅占 19.1%；对于使用机械化收割的情况，使用机械收割的占 74.3%，不使用机收的占 25.7%，如图 7-7 所示。由此可知，徐水区农业生产基本实现了机械化，除了少部分生产者采用传统人工收割，大部分已经采用机械化收割，且玉米秸秆的还田比率也超过了 80%，说明当地农民逐渐采用环保型生产方式，对于生产生活环境保护更加关注。

表7-4　徐水区 20 个行政村基本统计量的均值汇总表

项目	调查村	户数	总人口	劳动力	面积	玉米总成本	单位面积成本	玉米销售收入	单位面积净收益	单位面积收割费用
1	田村铺	21	5	2	5	2 549.9	509.5	4 908.33	479.8	141

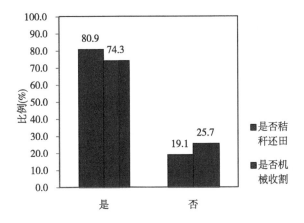

图 7-7 秸秆是否还田及机械收割情况比例

（续表）

项目	调查村	户数	总人口	劳动力	面积	玉米总成本	单位面积成本	玉米销售收入	单位面积净收益	单位面积收割费用
2	六里铺	20	6	2	4	1 775.5	459.6	1 886.83	78	112
3	中孤庄营	21	5	2	4	1 857.6	425.3	4 340.42	604.3	125
4	南孤庄营	27	5	2	4	1 942.8	517.5	3 440.94	276.6	133
5	东崔庄	25	6	3	3	1 406.8	455.8	2 442.86	323.7	115
6	商平庄	26	5	2	6	2 847.8	492.1	6 398.20	560.7	116
7	陈庄村	27	5	2	7	3 274.3	487.8	6 511.80	468.3	121
8	北营村	28	5	2	5	2 353.3	472.0	4 397.18	415.9	116
9	东关村	25	5	2	7	3 153.2	431.9	8 340.28	708.6	116
10	城北村	24	5	3	7	2 833.0	411.1	7 992.98	748.7	97
11	常乐村	28	5	2	6	2 773.0	464.4	6 374.94	613.2	135
12	勉家营	29	5	2	6	2 778.7	444.2	5 676.01	485.9	104
13	平家营	21	4	2	5	2 201.3	468.3	4 043.86	351.5	102
14	米家营	22	7	3	6	3 048.1	481.6	4 930.44	283.0	124
15	大营村	29	4	2	5	2 239.1	471.4	4 281.06	427.5	105
16	元头村	26	5	2	5	2 161.7	415.8	5 999.77	691.9	83
17	东公村	26	6	2	6	2 816.3	480.7	6 075.15	554.7	125

（续表）

项目	调查村	户数	总人口	劳动力	面积	玉米总成本	单位面积成本	玉米销售收入	单位面积净收益	单位面积收割费用
18	东街村	26	5	2	4	2 092.6	513.3	4 068.62	486.4	123
19	曲水村	25	5	2	5	2 214.5	433.3	5 308.83	620.7	24
20	汉阳村	26	6	2	3	1 370.2	469.2	2 383.20	334.6	79
	样本均值	25	5	2	5	2 394.7	465.5	5 033.12	480.0	110

注：表中单位面积以我国当前农业生产常用的"亩"作为计量单位，统计数据均为单位面积平均值，换算 1 亩 = 0.067hm²。

表中数据单位：户、0.067hm²、元/户、元/0.067hm² 亩。

7.3.3　社会资源特征

社会资源特征变量数据获得主要通过 3 个问题：一是信息来源是否丰富。问卷设计 5 种信息来源途径，即电视新闻、电脑网络、周边村民、亲戚朋友及报纸书刊；如果农户的选择大于等于 3 条途径，则认为信息来源丰富，否则认为不丰富。二是生产中遇到问题的求助对象，主要有周边邻居、亲戚朋友、村干部、技术人员及不求助别人等 5 类，将 5 类求助对象进行合并，分为求助于邻居和亲朋，以及不求助于邻居和亲朋两类。三是对于别人提供的生产建议或意见是否会采纳，问题答案分为 5 个等级：一定会采纳、大多数会采纳、可能会采纳、不太会采纳及肯定不采纳，请农户根据实际情

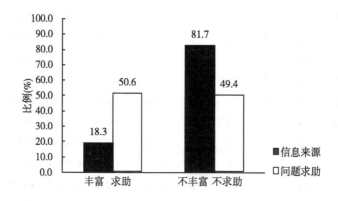

图 7-8　受访者的信息来源及问题求助情况

况选择。从图 7-8 和图 7-9 可知：有 81.7% 的受访者生产信息来源并不丰富，生产中遇到问题愿意求助周边邻居和亲戚朋友的人数占 50.6%，另有 49.4% 的人不愿意求助周边邻居；对于别人提出的意见或建议一定会采纳的人数占 52.4%，超过了样本总量的一半，但仍有 20.7% 的受访者表示不太会或根本不采纳别人的意见。因此，可以判断研究区域内农户的社会资源并不丰富，农户的思想偏于保守，遇到问题不太愿意求助别人。

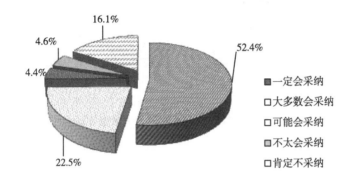

图 7-9   受访者对别人意见的采纳情况

7.3.4   环保认知特征

受访者关于环境保护认知是通过一组问题调查获得，主要包括：对于环境问题是否关注、长期施用化肥农药是否引起土壤污染及对于耕地土壤污染程度的评价等。图 7-10 显示，关注环境问题的人数占 81.5%，不关注的占 18.5%；认为长期施用化肥、农药能够引起土壤污染的人数占 73.1%，而认为没有造成土壤污染的人数达 26.9%。受访者对于土壤污染程度的认识情况如图 7-11 所示：认为土壤污染非常严重及比较严重的人数占 40.5%，认为土壤污染较轻、不严重及没有污染的人数合计占 59.5%。由此可知，当地农民具有一定的环境保护意识，对于生产行为引起的环境问题也较为关注，但是仍有大部分农民对于耕地土壤污染状况认识不清，他们认为目前土壤污染并不严重或根本没有污染。这说明现阶段农民的环境知识比较贫乏，环保意识也较为薄弱，加强环保知识的宣传和教育依然重要。

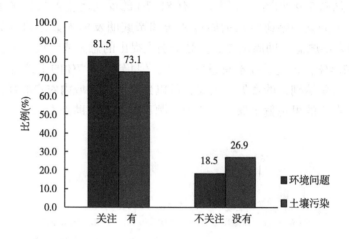

图7-10 受访者对环境问题及土壤污染认知

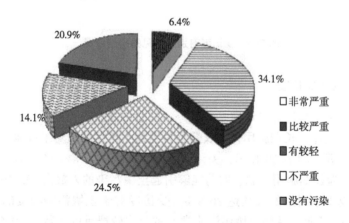

图7-11 受访者对土壤污染程度的认知情况

7.3.5 支付意愿与受偿意愿

基于徐水区502份粮食种植户的问卷调查数据分析可知,从事玉米作物生产的成本平均为6 982.5元/hm²(465.5元/亩),其中种子成本693元/hm²(46.2元/亩)、化肥成本2 383.5元/hm²(158.9元/亩)、农药成本

331.5 元/hm^2（22.1 元/亩）、灌溉成本 544.5 元/hm^2（36.3 元/亩）、机械成本 3 030元/hm^2（202 元/亩），各项生产成本所占的比例由高到低依次为机械成本占 43.4%、化肥成本占 34.1%、种子成本占 9.9%、灌溉成本占 7.8%、农药成本占 4.7%。可见，机械成本在各项显性成本中所占比例最高。根据实地调查可知，机械成本由机械播种、旋耕土地、机械收割、秸秆粉碎及机械运输等五项构成，各项成本所占比例分别为 14.0%、31.9%、25.3%、25.5%、3.3%，其中秸秆粉碎和机耕两项成本占单位面积平均机械成本的 57.4%，是农户实施秸秆机械化粉碎还田必须支付的额外成本。由于玉米秸秆机械化粉碎还田的成本较高（秸秆粉碎＋机耕翻埋），所以粉碎与机耕费用的支付意愿成为衡量机械化秸秆粉碎还田技术应用意愿的重要指标。本研究通过一组核心估值问题设计，摸清受访者对于粉碎与机耕费用的支付意愿和受偿意愿。根据预调查，农户的支付意愿远远小于受偿意愿，投标值范围如表 7-5 所示。

表 7-5　秸秆粉碎及机耕费用调查支付卡支付意愿及受偿意愿投标值范围

项目	1	2	3	4	5	6	7	8	9	10
WTP	≤20	21~30	31~40	41~50	51~60	61~70	71~80	81~90	91~110	≥111
WTA	≤30	31~50	51~70	71~90	91~110	111~130	131~150	151~170	171~190	≥191

注：本表单位为元/0.067hm^2

本研究将确定性门槛定为"8"，凡选择确定度小于或等于"8"的都认为是"不太愿意"。徐水区调查获得的 502 份有效问卷中，有 404 份问卷的受访者表示"非常愿意"支付粉碎与机耕费用（WTP>0），占有效问卷的 80.5%；有 98 份表示"不太愿意"（WTP＝0），仅占有效问卷的 19.5%。受访者支付意愿的分布如图 7-12 所示：支付意愿的分布出现两个峰值，分别是 20 元以下占 31.9%，31~40 元的占 37.8%；样本总体支付意愿均值为 724.5 元/hm^2（48.3 元/亩）。对受偿意愿的调查有 501 份问卷回答愿意接受补贴，只有 1 份问卷是否定回答，其分布情况如图 7-13 所示，选择投标值范围最高的是 51~70 元占 33.3%，其次是 31~50 元占 17.5%，样本总体的受偿意愿均值为 1 069.5元/hm^2（71.3 元/亩）。

7.3.6　政策偏好特征

为了解受访者对惠农政策的期望和偏好，研究选择五项重要的惠农政策，请农户根据自己的认识将政策的重要性进行排序。研究采用 SPSS 19.0

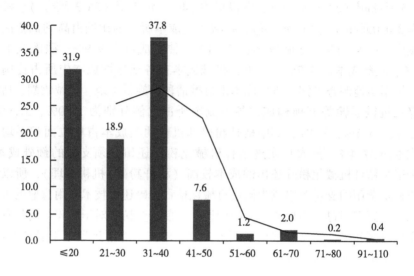

图 7-12 受访者秸秆还田费用支付意愿分布图

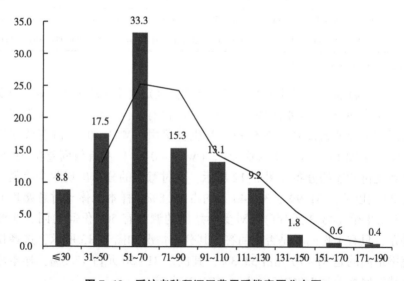

图 7-13 受访者秸秆还田费用受偿意愿分布图

统计软件中的多选项分类法（Categories），按照从第一位至第五位的排序选择答案设置 5 个 SPSS 变量，变量的取值为多选问题中的 5 个备选答案，每个变量的定义赋值见表 7-6 所示。从图 7-14 统计结果可知，惠农政策的重要性排序从第一位至第四位分别为修建道路、增加补贴、教育培训、信息公开。农户认为修路政策最重要，道路畅通利于机械作业运输和生活出行；机收补贴政策和技术培训也为农民所接受。

表7-6 多选项分类法变量赋值

SPSS 变量名	变量名 标签	变量取值
V1	第一位	1=增加补贴，2=修建道路，3=信息公开，4=教育培训，5=焚烧处罚
V2	第二位	1=增加补贴，2=修建道路，3=信息公开，4=教育培训，5=焚烧处罚
V3	第三位	1=增加补贴，2=修建道路，3=信息公开，4=教育培训，5=焚烧处罚
V4	第四位	1=增加补贴，2=修建道路，3=信息公开，4=教育培训，5=焚烧处罚
V5	第五位	1=增加补贴，2=修建道路，3=信息公开，4=教育培训，5=焚烧处罚

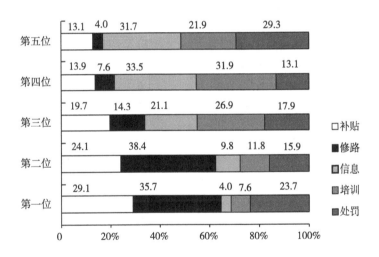

图7-14 政策重要性排序比例分布图

7.4 补偿意愿影响机理分析

7.4.1 单因素统计分析

由单一解释变量与支付意愿（WTP）的比例关系分析结果见表7-7。

表 7-7 单一解释变量与因变量 (WTP) 的比例关系

特征变量	特征描述	不太愿意		非常愿意	
		频数（人）	比例（%）	频数（人）	比例（%）
个体特征变量 / 受教育程度	文盲小学以下	16	16.3	30	7.4
	小学	24	24.5	147	36.4
	初中	43	43.9	176	43.6
	高中	14	14.3	48	11.9
	大专及以上	1	1.0	3	0.7
年龄	25 岁以下	0	0	3	0.7
	26~35 岁	2	2	11	2.7
	36~45 岁	13	13.3	48	11.9
	46~55 岁	30	30.6	117	29
	56~65 岁	30	30.6	147	36.4
	66 岁以上	23	23.5	78	19.3
家庭经营特征变量 / 家庭总收入（元/年）	10 000 以下	3	3.1	58	14.4
	10 001~20 000	21	21.4	90	22.3
	20 001~30 000	27	27.6	105	26
	30 001~40 000	33	33.7	105	26
	40 001~50 000	6	6.1	28	6.9
	50 001~70 000	2	2.0	10	2.5
	70 000 以上	6	6.1	8	2.0
劳动力比率	20%以下	12	12.2	38	9.4
	21%~40%	35	35.7	184	45.5
	41%~60%	33	33.7	133	32.9
	61%~80%	14	14.3	36	8.9
	81%以上	4	4.1	13	3.3
使用机械收割	不使用	20	20.4	109	27
	使用	78	79.6	295	73
环境问题认知变量 / 土壤污染认知	没污染	22	22.4	113	28
	有污染	76	77.6	291	72
土壤污染是否严重	非常严重	5	5.1	27	6.7
	比较严重	35	35.7	136	33.7
	有污染较轻	19	19.4	104	25.7
	不严重	19	19.4	52	12.9
	没有污染	20	20.4	85	21

特征变量	特征描述	不太愿意		非常愿意	
		频数（人）	比例（%）	频数（人）	比例（%）
社会资源变量 信息来源是否丰富	不丰富	90	91.8	320	79.2
	丰富	8	8.2	84	20.8
问题是否求助亲朋村民	不是	72	73.5	176	43.6
	是	26	26.5	228	56.4
政策认知变量 农机购置补贴政策	不知道	33	33.7	198	49
	知道	65	66.3	206	51
秸秆还田补贴政策	不知道	90	91.8	348	86.1
	知道	8	8.2	56	13.9

（1）受访者的文化程度大多在初中以下，随着文化程度的提高其非常意愿支付还田费用的比例高于不太愿意的比例；在56～65岁年龄段的农户支付意愿的比例最高，其他年龄段的农户不太愿意的比例更高一些。

（2）受访者家庭收入在20 000～40 000元的占总人数的53.8%；随着收入的增加其非常愿意支付的意愿反而减小，说明一般的收入家庭并不愿意把过多的支出用于农业生产。对于使用机械收割方式的受访者来说，不太愿意支付的比例高于非常愿意的比例，说明机械收割方式对于还田费支付意愿有显著的负向影响。家庭劳动力比率越高，从事农业生产活动人数越多，越倾向于不太愿意支付收割费用。

（3）受访者与社会有广泛接触，其农业生产信息主要来源于亲戚朋友和周边村民的，愿意支付的比例就越高；受访者遇到生产方面的问题，总是求助于亲戚朋友和周边村民的，其愿意支付的比例明显高于不愿意的比例。同时，对于别人所提建议肯定采纳的农户，其支付意愿要低于不愿意采纳别人建议的农户。农户个人的主观判断能力和对于问题的处理、应变能力，很大程度影响农户的支付意愿。

（4）受访者认为化肥、农药引起土壤污染程度非常严重或有一定污染时，其对于秸秆还田收割费的支付意愿较高；认为污染不严重时就不太愿意支付收割费用。农户了解玉米收割机购置补贴政策时，其不太愿意支付的比例远高于非常愿意的比例，说明大多数农户都了解现行的农机购置补贴政策是补贴农机手或农机合作社，而没有补贴给农户个人，因此并不愿意支付高额的收割费用。然而，当农户知道国家实行秸秆还田补贴政策时，其非常愿意支付的比例明显高于不太愿意的比例，说明政策的激励作用效果很显著。

此外，根据前面描述性统计分析可知：全部受访者都愿意接受玉米秸秆粉碎还田的补贴费用，并表示非常愿意参与该项补贴政策项目。因此，开展单一解释变量对于受偿意愿的比例关系分析的现实意义不大，本文在此不做分析。

7.4.2 多元回归统计分析

7.4.2.1 变量选择与定义赋值

为了满足计量经济模型统计分析的要求，将原有的解释变量进行筛选、补充，并重新定义赋值：第一，变量的个数由 31 个减少为 16 个，剔除户主、性别、年龄、家庭总人口、环境认知、污染认知等 18 个不显著（虚拟变量）影响因子，增加粮食纯收入、灌溉次数及秸秆还田等 3 个新变量；其中，粮食纯收入是指调查基准年农户家庭种植小麦及玉米两种作物的纯收入，灌溉次数是指当年农户灌溉玉米的总次数，秸秆还田情况是了解玉米秸秆直接还田或有其他用途。第二，文化程度按照文盲及小学以下、小学、初中、高中、大专及以上 5 个等级换算成受教育年限，依此定义为 0 年、6 年、9 年、12 年、16 年。第三，劳动时间及种植面积分别将调查的分组统计变量进行平方，得到新的时间变量和面积变量，见表 7-8、表 7-9。

表 7-8 特征变量类别及主要影响因子指标

	特征变量类别	主要影响因子
1	个体禀赋变量	教育年限、劳动时间、劳动力比率
2	生产经营变量	耕地面积、生产成本、秸秆用途、收割方式、家庭总收入、粮食纯收入
3	社会资源变量	信息来源
4	惠农政策变量	秸秆还田政策、补贴受偿意愿

表 7-9 变量定义赋值及描述统计

变量名称	变量解释及定义	平均值	标准差	先验判断
Y_1	粉碎及机耕费用支付意愿：0-不太愿意；1-非常愿意	0.80	0.397	
X_1 EDUCATION	文盲=0，小学=6，初中=9，高中=12，大专及以上=16	7.54	3.120	+
X_2 WORKTIME	劳动时间分组等级的平方	4.45	2.787	−

变量名称	变量解释及定义	平均值	标准差	先验判断
X_3 LABORPRO	劳动力占家庭总人口的比例（%）	0.89	0.531	−
X_4 AREA	耕地面积分组等级的平方	5.16	4.364	+
X_5 INFORMATION	信息来源是否丰富（0=不丰富，1=丰富）	0.18	0.387	+
X_6 SEEDS	单位面积种子成本（单位：元/0.067hm²）	46.201	13.717	+/−
X_7 FERTILIZER	单位面积化肥成本（单位：元/0.067hm²）	158.925	44.554	+/−
X_8 PESTICIDES	单位面积农药成本（单位：元/0.067hm²）	22.085	14.591	+/−
X_9 IRRIGATION	单位面积灌溉成本（单位：元/0.067hm²）	36.329	22.515	+/−
X_{10} MECHINE	单位面积机械成本（单位：元/0.067hm²）	202.005	52.330	+/−
X_{11} AGRIINCOME	粮食纯收入=小麦纯收入+玉米纯收入（元/年）	3 752.209	4 662.515	+
X_{12} TOTALINCOME	1≤1，2=1-2，3=2-3，4=3-4，5=4-5，6=5-7，7≥8，8=不一定（万元）	3.34	1.681	+
X_{13} IRRIFRO	玉米种植灌溉次数（次/年）	1.48	0.668	−
X_{14} STRAWRETURN	秸秆是否还田：0-不还田；1-还田	0.81	0.394	+
X_{15} MECHINEWAY	是否采纳机械收割方式：0-否；1-是	0.74	0.437	+
X_{16} POLICE	秸秆还田补贴试点政策认知：0-不知道；1-知道	0.13	0.334	+

*注：1. 变量赋值参照《徐水区国民经济统计资料（2011—2013 年）》相关数据。2. 本研究耕地面积、生产成本及经营收入等变量取值均参照我国当前农业生产常用的"亩"作为计量单位进行计算，换算 1 亩=0.067hm²。

7.4.2.2 回归分析与统计检验

运用 Eviews9.0 统计分析软件，选择 Logit 模型为技术手段，以秸秆粉碎还田和机耕成本的支付意愿为被解释变量进行回归分析和相关检验。本论文采用 2014 年调查获取横截面数据，选择 Huber/White 方法（又称拟最大似然估计，QML）估价解释变量参数，对 502 份有效样本进行回归分析，估计结果见表 7-10。

表 7-10 基于 Logit 模型的粉碎及机耕费用支付意愿影响因素回归分析结果

变量	系数估计	标准误	z-统计值	概率
C	5.553 754	1.524 871	3.642 114	0.000 3
X_1 EDUCATION	−0.199 654 *	0.109 151	−1.829 158	0.067 4
X_2 WORKTIME	0.206 105 *	0.110 606	1.863 413	0.062 4
X_3 LABORPRO	−1.944 511 **	0.787 528	−2.469 133	0.013 5

（续表）

变量	系数估计	标准误	z-统计值	概率
X_4 AREA	-0.050 753	0.031 631	-1.604 505	0.108 6
X_5 INFORMATION	0.825 484 *	0.426 287	1.936 454	0.052 8
X_6 SEEDS	-0.005 983	0.007 917	-0.755 785	0.449 8
X_7 FERTILIZER	-0.014 341 ***	0.002 898	-4.949 315	0.000 0
X_8 PESTICIDES	0.022 433 *	0.011 489	1.952 597	0.050 9
X_9 IRRIGATION	0.027 300 ***	0.008 786	3.107 299	0.001 9
X_{10} MECHINE	0.014 801 ***	0.004 622	3.202 595	0.001 4
X_{11} AGRIINCOME	7.41E-05 **	3.40E-05	2.182 421	0.029 1
X_{12} TOTALINCOME	-0.194 358 ***	0.073^{1}51	-2.656 957	0.007 9
X_{13} IRRIFRO	-0.829 707 ***	0.260 443	-3.185 751	0.001 4
X_{14} STRAWRETURN	-1.260 761 ***	0.427 607	-2.948 411	0.003 2
X_{15} MECHINEWAY	-0.863 914 **	0.414 051	-2.086 494	0.036 9
X_{16} POLICE	0.791 191 *	0.446 840	1.770 636	0.076 6
McFadden R-squared	0.224 305	Mean dependent var		0.804 781
H-L Statistic	7.695 7	Prob. Chi-Sq（8）		0.463 7
Andrews Statistic	9.816 1	Prob. Chi-Sq（10）		0.456 8
LR statistic	111.183 2	Prob（LR statistic）		0.000 000
Total obs	502			

注：***、**、*分别表示在1%、5%和10%显著性水平上通过检验

（1）模型整体显著性检验。模型的整体显著性LR值为111.183 2较大，LR检验统计量对应概率值为0，有充分理由拒绝原假设，即所有解释变量的系数不全为零，模型整体具有统计意义。McFadden R-squared的似然比率指数为22.4%，且Hosmer-Lemeshow和Andrews拟合优度检验结果的概率值分别为0.463 7和0.456 8，均大于0.05显著性水平；因此不能拒绝零假设，模型的拟合值与观测值的差别不大，说明模型的拟合精度较高。

模型解释变量z值的显著性概率值表明：①模型16个解释变量仅有2个变量没有通过对显著性检验，分别是耕地面积和种子成本；但耕地面积的概率值接近10%显著性水平，说明对支付意愿有较弱的影响；②其余14个变量都对支付意愿有不同方向和不同强度的影响，各个变量的影响方向与先验判断基本一致。

（2）回归结果显著性报告。第一，个体禀赋变量中教育年限、劳动时间、劳动力比率及信息来源显著影响支付意愿。其中，教育年限与劳动力比

率影响为负向，说明文化程度越高则从事非农业活动的可能性就越大，农户对于土地的依赖性降低，并不关注环境保护问题，秸秆粉碎还田费钱又费力自然不愿意支付。劳动时间及信息来源通过10%显著性检验且正向影响支付意愿，劳动时间越长则农户越重视农业生产，农业收入可能是家庭收入的主要来源，农户更加关注耕地质量改善，愿意为秸秆直接还田而支付还田费用；信息来源越丰富的农户其环保知识水平可能越高，对于秸秆粉碎还田的好处认识更为深刻，从而表现出更高的支付意愿。

第二，生产经营变量对于支付意愿的影响方向和强弱各不相同。其中，化肥成本在1%水平上显著负向影响支付意愿，而其他显性成本均显著正向影响支付意愿，说明农户还是倾向于施用大量化肥来保证粮食产量，而不愿意为改善土壤质量而采纳秸秆粉碎还田措施。农药、灌溉及机械成本是为了确保粮食质量而必需的成本投入。这三项成本投入越高，表明田间管理越精细，农户越希望通过生产措施来提高产品品质，所以表现出较高的支付意愿。秸秆还田情况与机械收割方式显著负向影响支付意愿，由于两者在0.01水平上通过Pearson显著性检验，而且实行秸秆还田的农户有88.5%的受访者已经使用机械收割方式，所以两者的影响方向一致。实践调查中了解到，凡已使用机械化收割方式的农户对于核心估值问题（即粉碎及机耕费用）态度并不积极，反而使用人工收割方式的农户对于机收补贴支付意愿较高。农业纯收入在5%水平上显著正向影响支付意愿，家庭总收入通过1%水平的显著性检验且影响方向为负；说明凡是以农业收入为家庭主要收入来源的受访者，更加重视农业生产环境及条件，因此对于秸秆粉碎还田措施应用意愿越高。

第三，惠农政策变量中对于秸秆还田补贴试点政策认知在10%水平上显著正向影响支付意愿，说明补贴政策对农户生产有积极的引导作用。

7.5　支付意愿拟合值的计量

7.5.1　模型构建

秸秆粉碎与机耕费用补偿标准的确定是补贴政策设计的核心问题，研究在探明补偿意愿影响机理的基础上，基于计量经济模型统计分析工具，进一步估计补偿标准的准确数值。研究总体思路：一是构建补偿标准与影响因素之间的多元线性回归模型，运用线性模型的估计方法（普通最小二乘法或最大似然法），估计解释变量的参数；二是开展回归模型的统计检验，得到回归方程的科学表达式；三是通过方程计算被解释变量的估计值，最终获得合理的补贴标准。

由于支付意愿（WTP）受生产个体禀赋、生产经营、社会资源及政策制度等因素的影响，因此，构建补偿意愿与影响因子间的函数关系式：

$$WTP = f\ (I,\ P,\ S,\ C) \qquad （公式7-1）$$

其中：I 为个人禀赋变量（Individual endowment characteristics），P 为生产经营变量（Agricultural production operation），S 为社会资源变量（Social resources），C 为惠农政策变量（Agricultural countermeasurepolicy）。

以 C-D 生产函数模型为基础，基于 WTP 函数关系表达式，构建函数概念模型：

$$WTP = AI^{\beta_1} P^{\beta_2} S^{\beta_3} C^{\beta_4} \qquad （公式7-2）$$

其中：A 为常数项，I 为个体属性，P 为生产经营，S 为社会资源，C 为政策项；β_1 代表个体属性系数，β_2 代表生产投入项系数（成本及经营方式），β_3 代表社会资源系数，β_4 代表相关政策系数。

研究采用回归分析的方法，将公式7.2两边取对数。其中，社会资源变量和政策变量为虚拟变量，因此取水平值，其余变量为定量变量均取对数值，进一步变换后得到如下模型：

$$lnWTP = lnA + \beta_1 ln(I) + \beta_2 ln(P) + \beta_3 S + \beta_4 C + \mu \qquad （公式7-3）$$

将选择的 16 个解释变量代入方程7.3中，则得到 WTP 的对数非线性回归模型：

$$lnWTP = lnA + \beta_1 lnX_1 EDUCATION + \beta_2 X_2 WORKTIME + \beta_3 lnX_3 LABORPRO +$$
$$\beta_4 lnX_4 AREA + \beta_5 X_5 INFORMATION + \beta_6 lnX_6 SEEDS + \beta_7 ln(X_7 FERTILIZER) +$$
$$\beta_8 ln(X_8 PESTICIDES) + \beta_9 ln(X_9 IRRIGATION) + \beta_{10} ln(X_{10} MECHINE) +$$
$$\beta_{11} ln(X_{11} AGRIINCOME) + \beta_{12} ln(X_{12} HOMEINCOME) + \beta_{13} ln(X_{13} IRRIFRO) +$$
$$\beta_{14} X_{14} STRAWRETURN + \beta_{15} X_{15} MECHINEWAY + \beta_{16} X_{16} POLICE + \mu$$

$$（公式7-4）$$

7.5.2　模型检验及修正

7.5.2.1　模型 OLS 估计及异方差怀特检验

将 502 份有效数据进行整理并取对数，利用 Eviews9.0 统计软件对模型7.4进行最小二乘法估计。其次，在方程估计结果窗口进行异方差检验，其检验结果如图 7-15 所示。Obs*R-squared 及 Scaled explained SS 均是怀特检验的统计量，其检验结果中 Obs*R-squared 的概率值均大于显著性水平 0.05，但 Scaled explained SS（辅助回归方程的回归平方和）统计量概率值为 0.000 0 小于显著性水平，则拒绝原回归模型不存在异方差的原假设；说明原方程的残差序列存在异方差，需要对原模型进行相应的修正以解决异方差的影响。

Heteroskedasticity Test: White

F-statistic	1.211 801 Prob. F(149,169)	0.112 8
Obs*R-squared	164.773 9 Prob. Chi-Square(149)	0.178 3
Scaled explained SS	379.798 2 Prob. Chi-Square(149)	0.000 0

图 7-15 异方差检验输出结果

7.5.2.2 运用加权最小二乘法修正异方差

首先，新建权重序列 w。定义权重序列 w 是残差序列的绝对值，公式表达式为 w = abs（resid）。其次，进行加权最小二乘法估计（Weighted Least Square，WLS）。运用 Eviews 的具体操作方法：选择方程定义对话框 Options 选项卡，在 Type 选项后选择加权为方差项（Variance），在 Weight 后输入权重序列 w；在 covariance method 中选择"Huber-White"项。

根据估计结果可知：①经过调整后的样本观察值为 298 个，主要原因是回归分析方法要求对所有定量变量取对数，问卷调查获取的实际观测值的取值有些为负数或为零；鉴于负数和零并没有对数，因此 Eviews 在估计时自动剔除无效变量，最终有效观测样本为 298 个。②经过加权最小二乘估计的统计结果可见，F-statistic 的值为 28.096 99，概率值为 0.000 0，故拒绝模型整体解释变量系数均为零的原假设，模型整体具有统计学意义。模型整体拟合优度 R 方和调整 R 方分别为 61.5%%和 59.3%，高于原方程未加权的拟合优度值，说明 WLS 估计后模型整体上拟合很好。③对加权的模型进行异方差检验。在加权模型方程对象窗口选择残差检验的"Heteroskedasticity Test"中"White"检验方法，获得加权模型的异方差检验结果。其中，如图 7-16，Obs*R-squared 的概率值为 0.216 0，Scaled explained SS 的概率值为 0.444 4，均大于 0.05 的显著性水平，接受原假设不存在异方差，将加权最小二乘法估计的参数值代入公式 7-4 中。

7.5.2.3 模型回归残差的检验及修正

本研究还对原模型进行了残差自相关的 Q 检验和残差自相关的 LM 检验，进一步判断模型估计的有效性，具体检验结果如下。

Hetero skedasticity Test:White

F–Statistic	1.1985 75 Prob.F(150,147)	0.135 6
Obs*R–squared	163.949 1 Prob.Chi–Square(150)	0.206 1
Scaled explained SS	151.763 6 Prob.Chi–Square(150)	0.444 4

图 7-16 异方差检验输出结果

（1）残差自相关的 Q 检验。从图 7-17 可知，Q 统计量的 P 值在滞后 1 至 16 阶的概率 P 值前 2 阶均小于 0.05，所以需要进一步进行残差自相关的 LM 检验加以判断。

Autocorrelation	Partial Correlation		AC	PAC	Q -Stat	Prob
.|* |	.|* |	1	0.115	0.115	4.2 761	0.039
.|* |	.|* |	2	0.099	0.087	7.4612	0.024
.|. |	.|. |	3	0.007	-0.014	7.4782	0.058
.|. |	.|. |	4	0.049	0.042	8.2692	0.082
.|. |	.|. |	5	0.028	0.020	8.5292	0.1 29
.|. |	.|. |	6	0.052	0.040	9.4138	0.152
.|* |	.|. |	7	0.083	0.071	11.649	0.113
.|. |	.|. |	8	-0.015	-0.042	11.726	0.164
.|. |	.|. |	9	-0.043	-0.053	12.331	0.195
.|. |	.|. |	10	-0.060	-0.049	13.523	0.196
.|. |	.|. |	11	0.018	0.030	13.627	0.254
.|. |	.|. |	12	0.048	0.052	14.395	0.276
.|. |	.|. |	13	0.053	0.038	15.336	0.287
.|. |	.|. |	14	-0.015	-0.032	15.409	0.351
.|. |	.|. |	15	0.044	0.050	16.049	0.379
.|. |	.|. |	16	-0.004	-0.002	16.055	0.449

图 7-17 残差自相关的 LM 检验界面

（2）残差自相关的 LM 检验。模型残差自相关的 LM 检验统计量 F 值的概率 P 值为 0.008 1，LM 值即 Obs * R-squared 的概率 P 值为 0.0065，由于检验统计量概率均小于 0.05，显著拒绝原假设，模型回归残差序列存在自相关，需要对模型进行修正，如图 7-18 所示。

（3）残差自相关的修正。残差自相关修正采用广义最小二乘法，主要

Breusch -Godfrey Serial Correlation LM Test:

F-statistic	4.894 179	Prob. F(2,300)	0.008 1
Obs*R-squared	10.079 42	Prob. Chi-Square(2)	0.006 5

图 7-18 残差自相关的 LM 检验界面

操作步骤：一是计算相关系数，从支付意愿投标值的 OLS 模型估计结果中提取 DW 统计量的值为 1.579 009，根据 DW 检验原理计算残差序列的自相关系数。

计算公式为：

$$\rho = 1 - \frac{DW}{2}$$

经计算 $\rho = 0.210\ 5$，说明残差序列存在较弱的正自相关。二是运用广义差分变换生成新序列。利用计算的自相关系数 ρ 对原模型中的因变量和自变量进行广义差分变换，以因变量为例的广义差分序列变换公式为：$D(\ln y_1 WTP) = \ln y_1 WTP - \rho * \ln y_1 WTP(-1)$。同理生成所有自变量序列的广义差分序列 $D(X_n)$。三是利用生成的广义差分序列对原模型进行最小二乘法估计，估计结果 DW 统计量由 1.579 009 变成了 2.066 309；模型残差 LM 检验结果 F 值的概率 P 值为 0.768 6，Obs * R-squared 的概率 P 值为 0.749 7，如图 7-19 所示，所以有充分理由接受原假设，表明通过广义最小二乘法进一步削弱了模型的自相关问题。

Breusch-Godfrey Serial Correlation LM Test:

F-statistic	0.263 473	Prob. F(2,197)	0.768 6
Obs*R-squared	0.576 228	Prob. Chi-Square(2)	0.749 7

图 7-19 残差自相关的 LM 检验界面

7.5.3 支付意愿拟合值计算

支付意愿均值估计的主要方法：第一步，以秸秆粉碎和机耕费用之和的支付意愿投标值为被解释变量，通过多元线性对数模型估计法获得解释变量回归系数的准确估计值。第二步，基于模拟多元线性对数模型，计算调查样本总体的 WTP 估计值。第三步，以问卷调查支付卡获取的数据为基础，计算调查样本总体的 WTP 投标均值。第四步，比较基于计量模型的估计值与基于调查的样本投标均值，解释说明研究结论的可靠性，并确定最终 WTP

标准值。具体计算步骤如下。

7.5.3.1 建立模拟模型

根据上述加权最小二乘法的支付意愿对数模型估计结果，将估计参数值代入原模型可以得到 WTP 投估计值的对数拟合模型 7.5，模型包含 10 个解释变量，随机误差项 μ 取被解释变量拟合残差值。

$$lnWTP = 0.551\,890 - 0.216\,820\,lnX_8PESTICIDES + 0.213\,109\,lnX_9IRRIGATION +$$
$$0.748\,319\,lnX_{10}MECHINE - 0.079\,364\,lnX_{12}TOTALINCOME -$$
$$0.399\,904\,X_{15}MECHINEWAY + 0.138\,758\,X_{17}POLICE + \mu \quad （公式\,7\text{-}5）$$

根据模型自相关的检验和修正，运用广义差分变换生产被解释变量 $lnWTP$ 的新序列

$$D（lnWTP）= lnWTP - 0.2105lnWTP \quad （公式\,7\text{-}6）$$

由方程 7.5 和方程 7.6 共同求出 $D（lnWTP）$ 的拟合值。

7.5.3.2 估计 WTP 拟合值

运用 Excel 统计分析软件，计算基于 502 份有效样本的 WTP 均值，其计算公式为：

$$E(\overline{WTP}) = \sum_{i=1} b_{ci}P_{ci} \quad （公式\,7\text{-}7）$$

其中：$E(\overline{WTP})$ 为支付意愿的期望值（平均值），b_{ci} 是由对数模型估计得到的第 i 个观测值的 WTP 估计值，P_{ci} 是模型估计得到的第 i 个观测值的 WTP 估计值的概率。根据公式 7.7 计算得到 WTP 的平均估计值为：

$$E(\overline{WTP}) = \sum_{i=1}^{n} b_{ci}P_{ci} = 38.26 （元/亩）= 573.9 （元/公顷）$$

$$（公式\,7\text{-}8）$$

7.6 受偿意愿拟合值的计量

7.6.1 模型回归分析结果

依据前述补偿标准确定的研究方法，构建由 16 个解释变量组成的 WTA 对数模拟模型：

$$lnWTA = lnB + \alpha_1 lnX_1EDUCATION + \alpha_2 X_2WORKTIME +$$
$$\alpha_3 lnX_3LABORPRO + \alpha_4 lnX_4AREA + \alpha_5 X_5INFORMATION +$$
$$\alpha_6 lnX_6SEEDS + \alpha_7 ln(X_7FERTILIZER) + \alpha_8 ln(X_8PESTICIDES) +$$

$$\alpha_9 ln(X_9 IRRIGATION) + \alpha_{10} ln(X_{10} MECHINE) +$$
$$\alpha_{11} ln(X 11 AGRIINCOME) + \alpha_{12} ln(X 12 HOMEINCOME) +$$
$$\alpha_{13} ln(X_{13} IRRIFRO) + \alpha_{14} X_{14} STRAWRETURN +$$
$$\alpha_{15} X_{15} MECHINEWAY + \alpha_{17} X_{17} POLICE + \mu \quad （公式7-9）$$

运用 Eview9.0 进行 OLS 分析，回归分析结果显示：通过显著性检验的特征变量有教育年限、劳动力比率、耕地面积、信息来源、农药成本、灌溉成本、机械成本及机收方式等 8 个变量，其余解释变量的概率值均未能通过显著性检验。从模型整体的显著性来看，F-statistic 的值为 13.261 00，概率值 Prob. F 为 0.000 0，因此拒绝模型整体解释变量系数全部为零的原假设，说明模型的整体具有统计学意义。从模型整体拟合优度来看，R 方和调整 R 方分别为 41.2%% 和 38.1%%，说明模型整体上拟合效果较好。

7.6.2 模型的检验及修正

7.6.2.1 模型的检验与诊断

研究分别开展了模型的异方差检验、残差的 Q 检验和残差 LM 检验，检验结果显示如图 7-20、图 7-21 所示。模型异方差检验结果：Scaled explained SS（辅助回归方程的回归平方和）统计量概率值为 0.001 3，小于显著性水平 0.05，则拒绝原回归模型不存在异方差的原假设，原方程的残差序列存在异方差；LM 检验的两个统计量概率值均为 0.000 1，小于显著性水平 0.05，表明原方程存在自相关问题。因而，需要对原模型进行相应的修正以解决异方差和自相关的影响。

Heteroskedasticity Test: White

F-statistic	0.476 969	Prob. F(149,170)	1.000 0
Obs*R-squared	94.337 83	Prob. Chi-Square(149)	0.999 9
Scaled explained SS	206.292 0	Prob. Chi-Square(149)	0.001 3

图7-20 异方差检验输出结果

Breusch-Godfrey Serial Correlation LM Test:

F-statistic	9.505 299	Prob. F(2,301)	0.000 1
Obs*R-squared	19.009 97	Prob. Chi-Square(2)	0.000 1

图7-21 残差自相关的 LM 检验界面

7.6.2.2 模型的修正

第一步，处理异方差影响选用加权最小二乘法，选择权重序列为 WTA 对数平方的倒数，进行加权最小二乘法估计。其中，w = 1/（lnWTA * lnW-TA），估计结果见图 7-22。

Heteroskedasticity Test: White

F-statistic	0.718 692	Prob. F(150,169)	0.980 5
Obs*R-squared	124.626 9	Prob. Chi-Square(150)	0.935 5
Scaled explained SS	125.909 3	Prob. Chi-Square(150)	0.924 2

图 7-22 异方差检验输出结果

第二步，解决自相关问题运用广义差分变换方法。根据 DW 检验原理

$$\rho = 1 - \frac{DW}{2}$$

计算残差序列的自相关系数 $\rho = -0.135\ 2$，说明残差序列存在较弱的负自相关。同理，利用 ρ 对原模型自变量和因变量进行广义差分变换，其变换公式为：

$$D（\ln WTA）= \ln WTA + \rho * \ln WTA（-1）\qquad （公式7-10）$$

广义差分变换结果如图 7-22 所示。

第三步，对加权修正的模型进行异方差怀特检验。由图 7-22 异方差检验结果可知：怀特检验的统计量 Obs * R-squared 的概率值为 0.935 5，Scaled explained SS 的概率值为 0.924 2，均大于 0.05 的显著性水平，表明修正后模型不存在异方差。由图 7-23 残差自相关 LM 检验结果可知：辅助回归的 F 值概率为 0.812 5，LM 值，统计量 Obs * R-squared 的概率值为 0.796 7；用生成的广义差分序列对原模型进行 OLS 估计，可见 DW 统计量由原先的 2.270 388 变成了 2.137 860，从而进一步削弱了模型的自相关问题。

Breusch-Godfrey Serial Correlation LM Test:

F-statistic	0.207 850	Prob. F(2,199)	0.812 5
Obs*R-squared	0.454 440	Prob. Chi-Square(2)	0.796 7

图 7-23 异方差检验输出结果

7.6.3　受偿意愿拟合值计算

第一步，拟合 WTA 线性回归模型。方法同上，回归模型为：

$$lnWTA = -1.225\,795 - 0.252\,602\,lnX_1 EDUCATION +$$
$$0.025\,956\,X_2 WORKTIME - 0.231\,280\,lnX_3 LABORPRO +$$
$$0.048\,569 lnX_4 AREA - 0.239\,742\,X_5 INFORMATION +$$
$$0.059\,107\,lnX_8 PESTICIDES - 0.107\,993 lnX_9 IRRIGATION +$$
$$1.150\,542 lnX_{10} MECHINE - 0.037\,539\,lnX_{11} AGRIINCOME -$$
$$0.438\,822\,X_{15} MECHINEWAY + \mu \qquad （公式7-11）$$

第二步，估计 WTA 的平均值。运用 Excel 统计分析软件，计算基于502份有效样本的 WTP 均值，计算公式为：

$$E(\overline{WTA}) = \sum_{i=1}^{n} b_{ai} P_{ai} \qquad （公式7-12）$$

其中：$E(\overline{WTA})$ 为受偿意愿的期望值（平均值），b_{ai} 是受访者所选择的第 i 个投标值，P_{ai} 是选择第 i 个投标值的概率。所以，根据公式计算受偿意愿（WTA）的平均值为：

$$E(\overline{WTA}) = \sum_{i=1}^{n} b_{ai} P_{ai} = 89.18\,元／亩 = 1\,345.2\,元／公顷$$

$$（公式7-13）$$

7.7　补偿标准的确定

根据补偿标准确定的思路和方法及上述统计结果，补偿标准计量结果如下（见表7-11）。基于描述性统计分析有效样本补偿意愿平均值为897.3元/公顷（59.82元/亩），Eviews 统计分析的补偿意愿拟合值的平均值为955.8元/公顷（63.72元/亩），则两者的平均值为926.55元/公顷（61.77元/亩）；成本核算法计算理论上限为1\,702.95元/公顷（113.53元/亩），则补偿标准的阈值为926.55~1\,702.95元/公顷（61.77~113.53元/亩），补偿标准参考值为阈值算数平均数为1\,314.75元/公顷（87.65元/亩），此标准可作为制定技术补贴政策的重要实证依据。

表 7-11　基于不同计量经济统计方法的估计值汇总表

步骤	统计方法	计算公式	WTP	WTA	$\overline{y_1}$
第一步	SPSS 描述性统计分析法	$\overline{y_1} = (WTP_1 + WTA_1)/2$	48.32	71.31	59.82
第二步	Eviews 多元线性对数模型估计法	$E(\overline{WTP_i}) = \sum_{i=1}^{n} b_{ci}P_{ci}$ $E(\overline{WTA_i}) = \sum_{i=0}^{n} b_{ai}P_{ai}$ $\overline{y_2} = (WTP_2 + WTA_2)/2$	38.26	89.18	63.72
第三步	平均值估计方法	$\overline{y_{wtp}} = (WTP_1 + WTP_2)/2$ $\overline{y_{wta}} = (WTA_1 + WTA_2)/2$ $\overline{y_3} = (\overline{y_{wtp}} + \overline{y_{wta}})/2 = (\overline{y_1} + \overline{y_2})/2$	41.07	80.25	61.77
第四步	成本核算法	$\overline{y_c} = \dfrac{\sum_{i=1}^{n} y_c}{n}$ y_c：秸秆粉碎与机耕费用之和。	113.53		
第五步	平均值估计方法	$\overline{y_e} = (\overline{y_3} + \overline{y_c})/2$ $\overline{y_3}$：CVM 和样本均值的平均值 $\overline{y_c}$：补偿标准的理论上限值	87.65		

注：本表数据单位：元/0.067hm^2

7.8　研究小结

本案例研究得出以下三点重要结论。

一是正向影响秸秆粉碎还田技术应用意愿的因子有玉米种植显性成本中的农药成本、灌溉成本、机械成本、粮食纯收入、劳动时间、信息来源渠道及秸秆还田政策认知等。上述 7 个正向影响因子的影响程度由强到弱排序为信息来源渠道、秸秆还田政策、劳动时间、灌溉成本、农药成本、机械成本及粮食纯收入。

二是负向影响秸秆粉碎还田技术应用意愿的因子有受教育程度、化肥成本、家庭总收入、玉米灌溉次数，以及社会资源变量中的劳动力比率、秸秆是否还田、机械收割方式等。上述 7 个负向影响因子的影响程度由强到弱排序为劳动力比率、秸秆是否还田、机械收割方式、玉米灌溉次数、受教育程度、家庭总收入及化肥成本。

　　三是根据在北方旱作区开展的长期农户生产行为调查，以及计量经济模型预测方法分析认为，要在华北平原等北方旱作区推广玉米秸秆机械化粉碎还田技术应给予应用该项技术措施的农户定额的现金补贴，以弥补农户在机械化秸秆粉碎和机耕过程中所承担的高额的机械服务费用，具体的补贴标准可按照每户每亩补贴 88 元（四舍五入方法）执行，并且应不低于参考值。

8 农业清洁生产技术推广的对策措施与建议

目前，全国各地广泛推广应用了保护性耕作与免耕技术、测土配方施肥技术、节水节肥综合技术、农作物秸秆综合利用技术、畜禽粪便无害化处理与综合利用技术等各类农业清洁技术，其对农田生态环境的保护、农业增产增收起着十分重要作用，建议尽快推广到广大种植户和养殖户。为了真正解决清洁技术在生产实践推广应用中的问题，政府应该充分利用财政支农的政策手段，完善农业清洁生产技术补贴政策，从而调节农民收入分配，稳定农村经济形势。

具体来说，从国家到地方各级政府应重视对农业清洁生产技术的宣传和推广，增设全国性的清洁技术推广补贴政策专向，加大补贴力度，对采用相关清洁技术的农户给予补贴。国家要通过建立合理而有效的政策激励机制，消除广大农民在技术采纳中的顾虑，充分调动广大农民的生产积极性，为国家粮食安全和农民种粮养畜增收提供保障。

本研究借鉴国外农业生态补偿政策的成功经验，总结现阶段国内学者在清洁生产激励政策方面的研究成果，进一步提出推进农业清洁生产技术应用的对策措施。

8.1 加强农业技术补贴政策立法

我国农业补贴法律基础薄弱，与发达国家相比缺乏立法形式的规制和量化规定。尽管新《中华人民共和国农业法》中对于中央及地方财政转移支付和建设资金投入的重点领域做了详细规定，其中第三十七条已明确指出："国家建立和完善农业支持保护体系，采取财政投入、税收优惠、金融支持等措施，从资金投入、科研与技术推广、教育培训、农业生产资料供应、市场信息、质量标准、检验检疫、社会化服务以及灾害救助等方面扶持农民和农业生产经营组织发展农业生产。"然而，整体而言农业补贴立法并不完善，特别是针对农民采纳清洁生产技术的特惠性专项直接补贴政策立法还很缺乏，更没有形成一项长期、稳定和持续的制度激励或约束农民的生产行为；因此，本研究认为技术补贴立法工作应从以下三个方面加以健全和完善（任大鹏，2005；全国人民代表大会常务委员会，2002）。

8.1.1　确定主要目标

当前，我国农业可持续发展的迫切需要为农业补贴政策调整提出了客观要求。借鉴欧盟农业生态补贴政策的成功经验，我国农业补贴政策应逐步从价格支持过渡到环保补贴，突出农业生产环境保护功能，引导人们在农业生产经营过程中自觉地保护环境，在为社会提供优质农产品的同时也为社会提供优美的生态环境。因此，进行农业技术补贴立法的主要目标是引导和激励农民自觉地运用环保型生产方式，力争减少环境污染，提高农产品质量（龙明，2010）。

8.1.2　遵循基本原则

8.1.2.1　依法长期稳定性原则

应拟制和不断完善国家财政对农业技术补贴的法律法规，形成农业技术补贴制度化、规范化和法制化的法律支持体系，增强法制约束力。实行政府技术补贴农业政策，是一项重大的战略性措施，每一项政策的施行，在实践中的效果是否明显，都必须经过一定时间的实践证明。由于农业的特殊性，农业补贴政策需要长期稳定的运行过程，才能取得成效（吴贵平，2003）。

8.1.2.2　透明公开性和公平性原则

目前，大多数条款一般使用"支持""扶持""鼓励""奖励""救助""安排"等表述方式，很难判定某种技术推广措施是否属于"农业补贴"的范畴，缺少必要的透明性和公开性。因此，从规范政府行为、增强政府诚信的角度，对于农业技术补贴立法应提高其透明度和规范性，增加政策的公开性和公平性，排除人为因素的影响，使我国农业技术补贴制度逐步从行政约束走向法治约束（李雨，2009）。

8.1.2.3　区域适宜性和可操作性原则

目前有关农业补贴法律条款的内容一般过于笼统，大都使用一些导向性、提倡性语言，刚性条款少，柔性条款多，多数停留在文字层面，现实的可操作性差。我国区域资源分布不均，农业生产条件各异，主推技术类型不同。因此，农业技术补贴法规制度必须具有区域适宜性和现实的可操作性。

8.1.3 明确资金来源

补贴在一般意义上是指政府通过财政手段向某种产品的生产、流通、贸易活动或居民提供的转移支付（李群英，2002）。从农业补贴资金来源看，农业技术补贴主要是对农民采用清洁生产方式、环保生产行为等活动进行的转移支付。我国《农业法》第三十八条对农业补贴资金来源作了原则规定，指出各级人民政府在财政预算内安排的各项农业资金的主要用途包括用于支持农业技术推广和农民培训，加强农业生态环境保护建设等。然而，由于没有配套法律或法规对有关中央政府和地方政府的责任、农业补贴资金投入主体、各主体应投入的资金比例等问题予以规制；造成实践中农业补贴资金总量不足，补贴投入随意性很大，降低了农业补贴的功能和效益。因此，应完善相关立法，明确农业补贴资金投入主体、各主体应投入的资金比例等内容（任大鹏，2005）。

8.1.4 强化程序性规定

一是调整《农业补贴条例》内容，对农业环境保护补贴做出专章规定。二是规定相应的听证制度，保证农民在补贴问题上的参与权利。充分了解吸收受偿对象农民对农业补贴的意见和建议，让农民有发言权；增强农民对于补贴政策的信任度，并提高农民的心理预期；保证农民运用清洁技术的持续性，促进农业生产的稳定发展。三是规定公开和公平的补贴工作制度，保证补贴程序的完整性。针对目前我国农业补贴在法律法规中程序性规定匮乏的状况，农业技术补贴工作应重视补贴程序的法定化和科学化，具体包括规范化审批程序、系统化档案管理、法定化补贴程序、简捷化现金结算和制度化检查验收。

8.2 完善补贴政策运行管理机制

现行的农业补偿政策虽不同程度地改进了农业生产方式、改善了农民生活条件、提高了农民的收入，但仍然存在着补贴机制不健全、措施不到位等问题。当前亟须建立一套完善的农业清洁生产补偿政策的经济激励与约束机制，鼓励农民采用有利于农业资源保护和生产安全农产品的技术管理措施，制止破坏生态环境的做法和行为，具体包括以下几方面内容。

8.2.1 补贴的主要对象

农业清洁技术补贴政策实施的对象是从事农业清洁生产的普通农户、种养大户、龙头企业，另外还包括各种专业化的农业合作经济组织。

8.2.2 补贴主要环节及范围

8.2.2.1 技术补贴的主要环节

农业清洁技术补贴的主要环节是由农业清洁技术补贴的目标决定的。农业清洁技术补贴立法的主要目标是引导和激励农民自觉地运用环保型生产方式，减少环境污染，提高农产品质量。由于环保型生产方式贯穿于农业生产的全过程中，农业清洁技术补贴也应拓展到农业生产的产前、产中和产后各主要环节，并且把对农民的直接补贴作为重点。具体地说包括：产前的农业机械作业补贴、有机肥料补贴等；产中的清洁生产基础设施补贴、环保生产方式补贴等；产后的农产品销售补贴、农产品市场准入间接补贴等。

8.2.2.2 技术补贴的主要范围

（1）对种植业生产中农民的环保行为给予补贴。一是农民自愿减少化肥、农药和除草剂的使用量，更多地使用有机肥料、生物农药和机械除草，从而最大限度地减少药剂对环境污染和在农产品的残留。二是农民对于农业利用价值不大的土地进行粗放经营耕作、退耕还林，或不采用排水、灌溉、开垦荒地等有损环境的生产方式（财政部农业司考察团，2003）。三是农民自觉采用秸秆机械粉碎覆盖还田技术，并与深松、免耕播种技术相结合，增加土壤有机质含量，减少化肥的使用量。四是农民自愿联合结成农业合作经济组织，采用全程机械化作业生产方式，提高机械使用效率，降低作业成本。

（2）对养殖业生产中农民的环保行为给予补贴。一是农户自建小型旧式化粪池，牲畜粪污不随意排放，粪便在化粪池内堆沤发酵后施入自家农田作为有机肥使用。二是养殖大户在养殖场（养殖小区）内建设沼气池、化粪池，截留生活污水中的粪便和病原虫等杂质，对畜禽粪便进行无害化处理后按规定标准排放。三是规模化畜禽养殖场自觉采用疫情疫病综合防控技术、饲料安全生产技术及规模化健康养殖技术，并按照国家要求努力控制畜禽存栏量而受到经济损失的给予补偿。

（3）对水产业养殖中农民的环保行为给予补贴。水产养殖户自觉淡水池塘健康养殖技术、网箱无公害养殖技术的行为应给予补贴。

8.2.3 补贴方式的选择

本研究认为，当前以农户为补贴对象适宜采用的补贴方式有现金直接补贴和实物直接补贴方式两种。以企业为对象可以采用的补贴方式除了现金和实物两种方式以外，还可以采取贴息贷款、减免税收、提供保险等多种形式。对于各补偿对象在清洁生产中愿意接受的补贴方式具体建议如下。

8.2.3.1 以农户为对象的补贴方式

一是推广化肥、农药减量化技术所需的主要农资，应采取实物直接补贴的形式直接发放到农民手中，主要有作物专用肥（配方肥、有机肥）、生物农药（除草剂、杀虫剂），以及常用生产资料（塑料薄膜、秧盘育秧等）。

二是推广机械化全程作业技术所耗的燃油和人工费用，应以现金直接补贴的形式发放到农民手中，并给农机手以适当的劳务补贴费。

三是推广畜禽粪便防止流失技术及废弃物资源化利用技术所支付的建设成本费用，应采取实物补贴和现金补贴相结合的形式发放。其中，对于修建堆沤池、化粪池、沼气池等建设费用直接补贴建设成本费用，并做好督察工作，没有专款专用的农民将不再享受其他的补贴优惠。对于修建堆沤池、化粪池的农户，为其提供免费的技术指导，鼓励其将粪便综合利用发展食用菌生产。

8.2.3.2 以企业为对象的补贴方式

一是重点支持农业产业化龙头企业的收购、加工和销售活动，采取贴息贷款和直接补贴农产品基地建设的方式予以支持。

二是重点扶持化肥生产企业，保证化肥供应和平抑化肥价格，采取税收优惠的形式。例如，氮肥生产全部免收增值税，磷肥中除磷酸二铵外其他产品生产免收增值税，复合肥生产中规定使用免税原料占 70% 以上时产品免税。

三是重点扶持饲料生产企业，保证饲料供应和稳定饲料价格，对于单一大宗饲料、混合饲料、配合饲料、复合型饲料、浓缩饲料采取免征增值税（钟钰，2008）。

8.2.4 补贴标准的确定

8.2.4.1 补贴标准的原则（范围）

首先，补贴标准下限的决定因素为应用清洁生产技术后农户生产利润的变化以及环保意识。农户生产利润下降得越少，环保意识越强，则补贴标准下限就越低。其次，补贴标准上限的决定因素为应用清洁生产技术后农户生产利润的变化以及环境质量的变化。农户生产利润下降得越少，环境质量改善得越多，则补贴标准上限越高。现实中，由于难以估算农业技术应用所产生的环境效益，很难确定农田环境质量变化的补贴标准上限，但是可以通过经济学价值评估方法来估算农户所减少的利润，以及农户为额外技术成本的支付意愿和受偿意愿，从而以此来确定补贴标准参考值。

8.2.4.2 补贴标准的估算方法

结合前面的实证研究成果，提出补贴标准的估算方法为意愿价值评估法（CVM）、机会成本法（OCA）相结合。

确定补贴标准的简要步骤是：第一步，估算农户支付意愿及受偿意愿的参考值，采用国际上最普遍的对环境物品非市场价值评估的 CVM 方法，基于大容量的样本数据及计量经济技术方法探索生态补偿资金在时空上的高效配置，以期获得不同领域和不同尺度范围内补贴标准的准确测度，为补贴标准确定提供定量化依据。第二步，运用成本核算法计算生产中农户采纳秸秆粉碎还田技术措施实际支付的秸秆粉碎与机械旋耕的成本费用，并以此计算结果作为补贴标准的理论上限。第三步，比较基于 CVM 方法与成本核算法所估计的补贴标准值差异，结合研究区域环境问题经济本质的分析，运用平均值估计方法确定最终的补偿标准，为制定补偿政策提供科学的实证依据。

8.3 健全补贴资金管理监督机制

8.3.1 补贴资金的监督管理

我国现行农业补贴政策缺乏有效的监管，在宏观上表现为国家缺乏对补贴资金到位状况的监督保障，国家财政对农业的补贴和投入往往有 30% 不能及时到位或根本就不到位，被短期或长期移作它用，补贴资金流失严重；在微观上表现为财政缺乏对农业补贴立项预算、审核和效益跟踪管理（李群英，2002）。因此，从立法上应该规定技术补贴项目的预算管理，对农业补贴资金的到位状况及时进行监督和检查，并对各项技术补贴进行效益跟踪与评估管理。

8.3.2 补贴资金的准确到位

国家要逐年增加农业补贴额度，提高补贴比率，最大限度地提高农业补贴的总体水平。在增加补贴额度的同时，中央财政还要及时拨付补贴资金，最好在每年第一季度将资金下拨给下级财政部门，使补贴资金能够在春播前发放到农民手中。此外，提高补贴效率，减少技术补贴的执行成本。尝试建立农民个人账户制度，扩大"一折通"的补贴范围，避免政府对农民的直接补贴被截留或挪用，逐渐将"间接"补贴方式转变为"直接"补贴，简化资金兑付方式，降低操作成本及补贴资金中间环节的损耗（周龙，2009）。

8.3.3 补贴管理的奖惩机制

首先，设置奖励机制。将农业技术补贴与农业生态环境的最低标准指标体系直接挂钩，农业生产经营者的生产经营活动必须符合我国的农业生态环境的最低标准指标体系的要求才能获得全额的农业技术补贴。其次，设立惩罚措施。农业生产经营者申请农业生态补贴项目时必须做出承诺预期成果和保证措施，若不能达到最低标准要求则不能获得全额的农业补贴，出现弄虚作假行为则要受到严惩。

8.3.4 补贴政策的长效机制

建议把农业保险业务从商业保险公司分离出来，成立政策性的农业保险公司，政府可以对从事农业保险的机构提供大规模的保费补贴，使农民能以较低保险费参加保险，真正享受到保险带来的收益。制定农业补贴法，明确农业补贴的范围、补贴的资金来源、补贴的方式、补贴的程序等，以实现农业和农村经济的可持续发展。积极推进农户直接补贴的工时制度，发挥广大农民直接监督的作用，不断加强审计和财政监督，对补贴的发放进行经常性的检查，防止腐败行为产生。

8.4 落实相关配套的扶持政策

8.4.1 实行项目管理模式

建议国家将所有的农业技术补贴支持政策都细化到具体项目，由政策到法规，由法规到项目，由项目到资金。项目管理充分体现出透明、公开和公平的原则，对于促进农业清洁技术推广的补贴项目重点支持。其中包括对于已实施的农村沼气建设、乡村清洁生产工程建设等加大资助力度，促进工程项目的推陈出新；对于新增的农业清洁生产补贴项目重大扶持，如化肥农药的减量使用、畜禽粪便的资源化利用、作物秸秆等生物能源化处理、农村生活污水和垃圾排放项目等，并通过法律规范引导农民采用环境友好型生产和生活方式，实现农村农业生态环境的转型和升级。

8.4.2 增强物化补贴力度

国家的"三农"补贴政策之所以没有充分调动起农民的种田积极性，究其原因有两个：一是每项补贴都不能完全落实到农户手中，由于种种原因现金被截留、挪作他用的现象依然存在；二是农民每得到一次补现，第二年农资如种子、农药、化肥都要涨一次价，反而投入成本更高。因此，政府的农业技术补贴应增强物化补贴的力度，直接免费发专用肥、农药、生产资料等，这样既可以免却农资涨价给农民带来的负担，又可以避免补贴现金被截留的情况发生。具体做法是，乡镇设置几个农技员、农艺师，专门负责跟踪农田管理、统计核算和发放物化农资，受县级以上农业部门垂直领导，确保农资直接发到农民手中，使得农民更直接得到实惠。

8.4.3 完善农机补贴政策

借鉴发达国家农业机械化发展的经验，结合我国农业发展实际状况及经济水平现状，总结我国扶持农业机械化发展的政策措施如下。

一是加强农业机械化法律、法规建设，为农业机械化健康发展提供制度保障。通过立法对农业机械化发展提供保护和政策支持，主要体现在政府投资、财政补贴、燃料优惠、低息贷款、减免税收、建立基金等方式上，包括资金、税收、水电和农业基础设施建设等各方面。

二是落实农业机械使用补贴政策，推广大宗粮食作物全程机械化作业技术。把农机购置补贴作为推动种植业机械化发展的最直接抓手。扩大国家农机购置补贴资金实施的范围，提高农机使用补贴额度；开展农机使用补贴试点工作，由耕种收环节机械化向产前、产中、产后全过程机械化延伸。重点补贴农机大户和农机作业服务组织，鼓励地方资金累加补贴，支持、引导各种渠道资金投入，建立多元化投入机制，为突破玉米等粮食作物全程机械化作业瓶颈创造良好条件（李立新，2009）。

三是加强畜禽粪便污染控制管理与技术补贴。一方面利用政府农机具补贴政策推广畜禽粪便处理机可有效解决畜禽粪便污染问题，并通过再加工服务于生产，从而改善农业生态环境；另一方面政府通过投资或提供无息低息贷款等优惠政策，支持和鼓励兴建畜禽粪便处理加工厂和复合有机肥生产，对治理畜禽粪便污染、开发商品有机肥的企业，实行诸如免税、贷款及平价用电等方面的优惠政策（宋小琴等，2009；王国章等，2009）。

8.4.4 强化产品质量控制

建议政府对于采用清洁技术生产出来的清洁农产品进行科学而全面的质量标准认证，参照现有无公害、绿色、有机农产品的标准，对清洁农产品进行严格的品牌认证，并依据清洁产品质量标准进行明确的类别划分。建议有关政府部门可否将清洁农产品划入无公害农产品或绿色农产品的范畴，作为一类独特的安全放心食品推入市场，逐步建立起清洁产品的市场准入机制。具体做法如下。

首先，尽早普及农产品市场进入质量检测发展农业清洁生产。一要抓紧制定与国际接轨的清洁农产品质量检测标准；二要大力开发研制准确高效、经济实用的检测仪器；三要加快培养检测人员队伍；四要加强工商管理、卫生防疫、环境保护等部门间的协作，以便多方努力，共同促进、完善农产品市场的质量检测。

其次，推进无公害农产品的认证工作，并在此基础上加大绿色食品和有机食品的发展力度。例如，北京市政府对于获得绿色食品证书的企业和部门，认证费用的50%由市政府直接给予奖励和补贴；凡取得有机食品转换证书的，认证费用由市政府给予100%的奖励和补贴。此外，北京市还将鼓励新农村建设试点村培育农产品品牌[38]。

最后，加大农产品市场建设补贴。在农产品贸易全球化竞争的客观条件下，政府在推进无公害农产品流通市场体制上亟待加大投入，为全国范围内规模化、标准化农产品市场体系的形成创造条件。例如，为了引导农民多使用无害化有机肥，政府可以通过建立市场补贴，使无害化有机肥尽快地利用现有的肥料供销网络进入市场，降低商业有机肥市场销售价格，增强有机肥的市场竞争力。

8.4.5 加强技术宣传培训

8.4.5.1 坚持开展农业清洁技术普及宣传活动

现阶段，广大农民群众对于采用农业清洁生产技术的重要性认识严重不足，各级政府有必要在农村开展一些深入细致的农业清洁生产知识的宣教活动[30]。一方面向农民进行环境保护知识、生态农业知识及循环农业知识的普及宣传；另一方面扩大清洁生产知识的宣传幅度，向农民发放农业清洁生产技术简报、手册、图书和录像资料，增强农民对农业清洁生产的认识和了解。此外，建立农业清洁生产的知识和培训体系，将工业企业清洁生产成功经验运用到农业清洁生产过程中，制定促进农业清洁生产和保障农产品安全的政策及标准。

8.4.5.2 重视开展农村实用新技术和新机具培训

针对广大农民文化素质不高，新技术、新机具接受能力不强等现实问题，可采取多种形式组织开展病虫害专项防治技术宣传，新型农用机械使用及各类农机手的技能培训，农村劳动力转移培训和农民实用技术培训等，努力提高农村劳动者素质。政府应围绕以下"三突出"，搞好技术培训：一是突出传统种植业主导产业搞培训。力争各补贴示范村户户都有一个科技明白人，中青年农民人人掌握一项致富新技术。二是突出现代高效农业搞培训。针对新机具使用、新品种选择及新技术推广，组织科技人员举办各种各类技术讲座，以乡镇农技人员为基础创办一批农业科技示范场，使之成为农业新技术试验示范基地，优良种苗繁育基地，实用技术培训基地。三是突出农产品质量安全建设搞培训。针对无公害农产品健康及安全种、养技术和蔬菜病虫害防治等技术开展培训。

9 秸秆粉碎还田技术补贴政策设计

遵循国家发展改革委员会出台的《京津冀及周边地区秸秆综合利用和禁烧工作方案（2014—2015 年）》，以及河北省发展和改革委员会制定的《河北省 2014—2015 年秸秆综合利用实施方案》相关规定，深度提升和凝练论文实证研究成果，参照已经发布实施的《河北省 2015—2017 年农机深松作业补贴实施指导意见》《临沂市耕地地力保护、种粮大户和家庭农场补贴政策 2015年实施方案》及《瑞安市 2015 年中央农业支持保护（耕地地力保护）补贴政策的实施意见》等政策文件的内容与格式，编制形成《河北省 2016—2017 年关于玉米秸秆机械化粉碎还田的补贴实施指导意见》。本意见作为论文的主要应用成果之一，希望指导意见能够成为农业技术服务领域补贴政策制定的引玉之砖，推动粮食主产区秸秆粉碎还田补贴制度的改革与创新。

9.1 总体要求

深入贯彻国家推进农村体制机制改革，加快实施农业生产重大技术措施补助政策的目标要求，坚持"县长负责、部门联动，种补结合、落实到位，绩效评估、跟踪管理，完善机制、市场运作，定额直补、先粉后补，公开公正、社会监督"的原则，通过玉米秸秆机械化粉碎还田技术补贴政策的实施，推进农田固体废弃物的综合利用，促进粮食作物施肥方式的转变，提升耕地土壤肥力，保障粮食可持续增产能力，综合考虑农民合理诉求，实现农民平等分享环境保护的社会效益。补贴政策实施中，注重突出重点，优先支持实施玉米秸秆机械化粉碎还田试点区，兼顾玉米生产非机械化收割农业区，切实提高政策的精准性和指向性；注重服务方式创新，以农民专业合作社等集体经济组织为依托，探索建立功能专一、组织高效的补贴综合服务中心，授权中介组织的管理职责，实行机械化收割环节的精细管理；注重规范实施，完善项目操作流程，强化玉米种植户绩效评估及耕地质量保护跟踪管理，加强生产过程的监管，确保资金运行安全；注重市场化运作，综合考虑收割机工作效率、机械化收割行业市场价格及农户意愿确定技术补贴额度,调动生产者秸秆粉碎还田的积极性,为实现农田固体废弃物的资源化利用提供支持和服务。

9.2 实施范围

河北省内所有实现玉米秸秆粉碎还田且拥有耕地承包权的种地农民。秸秆还田补贴实施以开展玉米机械化收割作业的粮食生产核心区、现代农业园区、九大片区所辖市县为重点区域。对于拥有耕地承包权的种地农民,秸秆还田补贴发放坚持"还田得补贴,不还田不得补贴"的原则,确定农户严格按照玉米秸秆还田技术要点,保留前茬玉米根茬与秸秆覆盖地表,其中夏玉米秸秆全量覆盖作业可以连年进行。各个试点乡镇以行政村为单位,设立秸秆还田补贴综合服务中心,专门负责补贴任务安排部署与落实,避免多头管理造成工作混乱。

9.3 补贴机制

9.3.1 补贴对象

补贴对象为项目区内所有拥有耕地承包权的种地农民,享受补贴的农民耕地种植玉米且必须应用机械化秸秆粉碎还田技术措施,秸秆翻埋土中,提高土壤地力。耕地面积以农村集体土地承包经营权证登记面积为基础,并严格掌握补贴政策界限。对已将原有耕地改变用途,作为畜牧养殖场的耕地、林地、设施农业用地的农户不再给予补贴。

9.3.2 补贴标准

项目区计税面积内种植玉米且实施秸秆粉碎还田的技术补贴为小于0.33 公顷(5 亩)的每公顷补贴 1 320 元(88 元/亩),种植面积大于0.33 公顷的每公顷补贴 1 425 元(95 元/亩)。补贴费用直接用于在玉米收获过程实施秸秆粉碎还田的农户,不得与其他农业支持保护类补贴资金混淆。

9.3.3 补贴方式

玉米秸秆机械化粉碎还田补贴采取先粉碎还田后补贴的方式,由项目县农业部门组织逐级审核合格后,委托秸秆还田补贴综合服务中心全权负责向农户兑现补贴资金。补贴资金以现金形式直接发放农民手中,减少中间管理流通环节。

9.4 项目实施

9.4.1 项目申报

申请参加秸秆还田补贴项目的县（市、区），根据当地玉米机收秸秆粉碎还田的实际情况积极组织还田补贴任务的申报。各县（市、区）农业主管部门本着不漏报、不多报的原则，如实提出补贴申请，特别是核实普通种植户及种植大户的耕地规模和户数。直管县项目申报由县农业主管部门和财政部门联合申报，并抄报所在设区市农业主管部门和财政部门。

9.4.2 制定方案

项目县（市、区）农业主管部门、财政部门要根据本《指导意见》，按照批复的还田任务与补贴额度规模，结合"三夏"玉米收割工作实际，联合制定秸秆还田补贴项目实施方案，方案要可操作、可监督、易执行，经县（区）政府批准后，印发执行并抄报所在设区市农业主管部门和财政部门。

9.4.3 落实责权

项目县（市、区）农业主管部门要按照秸秆还田补贴实施方案的要求，落实各乡镇的补贴工作管理组织机构，建议委托当地农技推广部门或农村集体经济组织等服务机构负责。项目县（市、区）农业主管部门确定负责项目的农技推广部门或农民专业合作社（以下简称为"补贴服务中心"），授予其秸秆还田补贴项目组织及管理的职责，并与之签订补贴任务委托协议。项目村村委会组织代表农户与补贴服务中心签订作业合同，确保农户正常实施秸秆还田作业后领到补贴，同时监督补贴服务中心及时开展田间作业检查核实工作。

9.4.4 组织调查

补贴服务中心在各村委会协助下对辖区内耕地承包经营权登记面积按户调查核实，对已改变耕地用途或撂荒不能享受补贴的耕地面积进行确认。同时做好农户基本信息的核对工作，确保农户姓名、身份证号、"一卡通"账号（"一折通"）、承包耕地面积证明材料等信息准确无误。按照工作方案要求将各村农户承包耕地面积证明材料、秸秆还田补贴情况分户造册，为村料上报及开展公示做准备。

9.4.5 作业核实

补贴服务中心在当年玉米收割完毕小麦播种完成 50% 的间隔期，组织专业技术人员对辖区内已登记面积并实施秸秆粉碎还田的农户进行实地踏勘检查。秸秆还田的检查标准：凡播种过小麦的地块，田间可见 5 厘米左右玉米秸秆段，并已经二次作业翻埋；凡未播种小麦的地块，田间可见 8~10 厘米玉米秸秆段，均匀摆放于畦沟中或已经一次作业翻埋。检查合格后，现场填写秸秆还田补贴分户清册（附件 1），检查员、农户、中心负责人、村委会三方签字或盖章，并对检查工作的真实性、准确性负责。村委会将《秸秆还田作业验收工作单》核实汇总后，在村级公示栏进行公示不少于 7 天。公示无异议后，由补贴服务中心负责以村为单位填报《秸秆还田补贴资金申请表》（附件 2），加盖村委会及补贴服务中心公章，经乡镇政府审核后报批项目县农业主管部门、财政部门。

9.4.6 审核验收

项目县（市、区）农业主管部门组成项目审核验收组，负责对各乡镇上报的还田面积逐村开展抽查，每个村抽查面积不少于作业面积的 10%，切实做到"四必查"即补贴项目区每村必查到、承担委托任务的补贴服务中心必查到、种植大户集中行政村每村必查验、有明确举报线索的必须全部核实查验。一旦发现委托机构存在还田面积不实、还田不合格或伪造验收作业面积等问题，则对其他验收面积加倍进行再查验；如若再出现问题，则对其负责全部行政村进行核查。由此增加的查验成本原则上由该补贴服务中心承担。县级检查结束后，将验收核实确认结果通过部门公示栏、政府或部门网站等方式在全县予以公示，公示时间不少于 7 天。公示无异议后，由项目县（市、区）农业主管部门出具《秸秆还田补贴资金兑付结算单》（附件 3），按照工作程序向同级财政部门提出办理补贴资金结算相关事宜。

9.4.7 资金兑付

项目县（市、区）财政部门对农业主管部门出具的结算资料完整性和资金支出用途进行审核，及时通过"一卡通"或"一折通"的形式将补贴资金直接兑付给农户，具体操作流程由县财政局、农业局另行通知，总体原则是从提交审核到资金入账不超过 10 个工作日。暂时不具备实行"一卡通"或"一折通"条件的，采用现金发放的方式，由承担委托任务的补贴服务中心发到农民手中。

9.4.8 项目督查

秸秆还田补贴项目完成后，市级农业主管部门对辖区内所有项目县（包括省财政直管县、市）进行项目督查。督查内容主要包括：项目工作档案（实施方案、委托协议、任务责任书、验收工作单、承包地耕地面积证明、验收总结报告等）和项目财务档案（补贴资金申请表、分户清册、支付凭证、报表）等是否规范。每个县抽查 2 个村，验收秸秆还田作业面积和质量，核实农户补贴资金领取情况。督查过程中若发现严重问题，及时督促项目县（市、区）认真整改。督查工作应在项目县提交验收报告的 1 个月内完成，工作结束后，总结编写督查报告及时上报省农业厅。县（市）农业主管部门负责省直管县（市）秸秆还田补贴项目的督查工作。

9.4.9 绩效评估

省级农业主管部门对于项目县的玉米秸秆粉碎还田情况、补贴政策实施效果、补贴资金兑付、档案资料收集保存、补贴服务中心工作情况等进行抽查，进一步完善工作流程，提高工作效率。组织开展秸秆还田补贴政策实施绩效评估，通过农户参与政策绩效评价、满意度的参评等多种方式了解政策执行效果，吸纳各方建议进行政策调整，实现政策资源的有效配置，提供补贴政策的指向性和效能。

9.5 保障措施

9.5.1 加强组织领导

各级农业主管部门、财政部门要高度重视秸秆还田补贴工作，各部门要密切配合、落实责任，加强工作监督和指导。项目县成立由县政府主要领导任组长，县农业、财政等相关部门负责人及乡镇领导为成员的领导小组，负责补贴实施工作各阶段重大事项的组织、决策、监督与检查。特别强调各项目区乡镇要落实第一责任人，农业分管负责人为具体责任人，委托乡镇农业技术推广中心或农民专业合作社负责具体实施；健全补贴工作管理人员队伍，形成统一领导、分头负责、协同推进的工作格局，确保补贴工作顺利实施。

9.5.2 加强资金监管

各项目县要加强资金监管，确保工作经费按时到位。财政、农业部门要明确职责，财政部门负责补贴资金拨付进度，切实加强补贴资金监管，严格执行专款专用管理制度；农业部门负责实施方案审批、基础数据分析、信息统计汇总、监督验收核查、农民教育培训等工作，并严格落实补贴资金管理办法，主动接受社会监督和检查。对在抽查中发现伪造资料、瞒报虚报、弄虚作假等行为的农户视情节轻重给予批评教育、取消补贴资格等不同程度的处罚。对于存在工作失职、把关不严等问题的村民委员会，取消本年度各种荣誉的评选并通报批评。对于相关部门骗取、套取、截留、挪用补贴或违规发放补贴资金的，将依法依规严肃处理。

9.5.3 创新工作机制

一是创新农村事务管理组织方式，以委托农技推广中心或农民专业合作社的组织管理模式推进补贴制度改革，形成"政府补贴、农民受益、三方监管"的新机制。二是创新农技推广工作思路，在做好秸秆还田补贴工作的同时，开展走访群众听民声，田间地头送技术的活动。三是创新工作执行的方式方法，加强政策宣传力度，营造良好和谐工作环境；畅通农民求助快速通道，落实公开监督制度；发挥农技部门的技术优势，开辟信息资源共享平台，形成"政府搭台、社会参与、各界配合、制度公开、群众满意"的执行新格局。

9.5.4 强化技术培训

针对玉米秸秆机械化粉碎还田技术搞好技术宣传和培训。一要明确工作重点，各项目县（区）农业主管部门要结合本地玉米联合机收工作实际，制定具体实施方案，明确工作职责，分解目标任务，细化工作措施，将玉米秸秆机械化粉碎还田技术宣传培训工作做实做细。二要建立技术培训的长效机制。各县区农业主管要加强对技术培训的督促检查和指导，跟踪调研，及时发现和解决玉米收获、秸秆还田、保护性耕作机械化技术培训活动中出现的新情况、新问题，积极探索建立农机技术宣传培训的有效形式。

9.5.5 完善档案管理

各乡镇、村必须协同补贴服务中心做好项目工作档案及财务档案的整理、归档、鉴定、分类、编目、排架、入库等工作，重点归档资料包括：秸秆还田补贴分户清册、秸秆还田补贴资金申请表及信息汇总表等，切实抓好档案规范化管理，为今后检查做好准备。

9.6 相关附件

本《指导意见》涉及的相关附件有 3 个，分别是《秸秆还田补贴分户清册》、《秸秆还田补贴资金申请表》和《秸秆还田补贴资金兑付结算单》。具体样式如下。

附件 1：秸秆还田补贴分户清册

单位：亩、元

序号	详细地址	农户姓名	身份证号	一卡通号	联系电话	承包面积	应补面积	补贴资金
1								
2								
3								
4								
5								
6								
7								
8								
9								
10								
11								
12								
13								
14								
15								
16								
17								
18								
19								
20								

农业技术服务中心经办人（签字）：

村委会经办人（签字）：

村委会负责人（签字、盖章）：

附件2：秸秆还田补贴资金申请表

单位：亩、元

序号	补贴对象农户	联系方式	还田面积	补贴金额	检查员姓名	检查员联系方式	检查员签名	农户签名
1								
2								
3								
4								
5								
6								
7								
8								
9								
10								
11								
12								
13								
14								
15								
16								
17								
18								
19								
20								
21								
22								
23								
24								
25								
26								
27								
28								
29								
30								
31								

乡镇（区域）农业管理部门（盖章）：　　　　乡镇（区域）农业管理部门审核负责人：

乡镇农业技术服务中心（盖章）：

附件3：秸秆还田补贴资金兑付结算单

村委会（盖章）：单位：亩、元/亩、元

序号	补贴对象	账号	联系方式	还田面积	补贴标准	补贴金额
1						
2						
3						
4						
5						
6						
7						
8						
9						
10						
11						
12						
13						
14						
15						
16						
17						
18						
19						
20						
21						
22						
23						
24						
25						
26						
27						
28						
29						
30						
31						

县农业主管部门（盖章）：

县财政部门（盖章）：

10 结论与讨论

10.1 创新之处

本研究的主要创新点如下。

1. 依据技术评估与技术补偿在辩证逻辑和形式逻辑的统一性，提出用技术补偿的补偿标准评价过程替代技术评估的价值判断过程的研究思路。

2. 建立了以"农户补偿意愿评估—农田功能价值评估—技术应用效率评估"为框架的技术应用价值评估方法体系，以意愿价值评估法、成本核算法和平均值估计法为方法依据。

3. 利用农户调查数据及计量经济模型，定量分析不同区域典型农田清洁生产技术补偿意愿的影响机理，确定技术应用补偿标准的阈值和估计值。

10.2 研究结论

本文针对目前国内农田清洁生产技术评估理论和方法体系研究不够深入、为政府决策提供服务支撑力度不足的问题，从理论探索到实证分析，从定性推理到定量评价，取得了一定的进展和突破。总结全文的规范研究及实证研究工作成果，取得以下重要结论。

1. 厘清了技术评估与技术补偿的辩证逻辑关系，奠定技术评估的方法论基础

技术评估与技术补偿在辩证逻辑和形式逻辑认识层面上，具有高度的一致性和统一性。从学术角度来看，两者究其实质都是应用社会科学研究方法对某项清洁生产技术应用价值进行的定性及定量化分析、评价和判断，在研究思路、内容、目标及方法等方面是完全一致的。鉴于此，技术应用价值评估研究亦即技术应用补偿机制的研究。

2. 构建了农田清洁生产技术价值评估方法体系，完善了核算方法和计算步骤

农田清洁生产技术应用价值评估体系包括：技术应用补偿意愿评估体系、技术应用效率评估体系、农田生态系统价值评估体系等三个部分，并以补偿意愿评估和成本价值核算为基础，以环境服务功能价值评估为辅助。技术评估主要包括 5 个步骤：①明确外部性类型；②核算生产成本；③建立模拟模型；④估计参数结果；⑤形成建议报告。

3. 定量提出农田清洁生产技术应用补偿意愿决定因素，并对其强度进行排序

华北平原农业区农户应用秸秆粉碎还田技术补偿意愿的主要影响因素，以及按其系数估计值由大到小排序为：信息来源（0.825 5）、秸秆还田政策（0.791 2）、劳动时间（0.206 1）、灌溉成本（0.027 3）、农药成本（0.022 4）、机械成本（0.014 8）、农业纯收入（0.000 074 1）。生产信息来源、废弃物处理政策、作物灌溉成本及种植业纯收入四个因子是影响保护性耕作技术应用意愿的关键动力因子。

4. 确定农田清洁生产技术补偿标准阈值和估计值，为政策制定提供科学依据

根据农户技术应用意愿水平的计量经济模型分析得出：北方旱作区机械化秸秆粉碎还田技术应用的补偿标准阈值为 926.55 ~ 1 702.95 元/公顷（61.77~113.53 元/亩），估计值为 1 314.75元/公顷（87.65 元/亩），此标准可作为制定秸秆粉碎还田技术补贴政策的理论依据。

10.3 研究讨论

本研究探明了技术评估与技术补偿的辩证逻辑关系，构建了农田清洁生产技术应用价值评估方法体系，开展了基于农户行为意愿的农田清洁生产技术补偿机制研究；选取了西南少数民族地区及华北平原农业主产区的 3 个研究案例，基于意愿价值评估方法和大量调查数据，摸清了技术应用行为驱动机制影响机理，科学计量典型清洁生产技术应用补偿标准，弥补了国内农业技术评估领域的研究不足，为决策服务提供了重要的分析方法和实证依据。本研究在总体思路设计、研究方法选择和技术手段运用上做了积极的探索和尝试，但受研究时间、经费不足及专业领域的影响，研究依然存在一些不足和问题，体现在以下三个方面。

1. CVM 引导技术有效性改善

引导技术选择开放式问卷直接询问受访者对于技术补贴的最大 WTP 和最小 WTA，并采用锚定型支付卡方式，请受访者在所给定的投标值范围内进行选择。这种方法的缺点是受访者真实意愿会受到给定数额范围的影响，同时也会产生许多过大或过小的答案。封闭式问卷的方法（二分式选择法）更容易模拟市场的定价行为，受访者易于回答，也克服了开放式问卷中的零支付意愿的问题。因此，CVM 的引导技术手段还应不断改进，采用国际上流行的双边界二分式方法作为引导技术，在利用 Logit 、Probit 等计量模型进行分析。

2. 问卷调查变量选择有待拓展

研究调查问卷包括模型中的变量、辅助变量及人口统计学特征变量三类问题，但由实证研究和文献分析可知，问卷设计中依然存在着变量设置模糊且不全面的问题。例如，农业收入占家庭总收入的比重、农户对秸秆还田的预期收益、家庭成员中是否有村干部、耕地村级公路的距离，以及附近是否有秸秆收购点等可能影响支付意愿的特征变量没有在问卷中体现。因此，要进一步改进和增补备选变量，提高有效数据的精准性和指向性，为计量经济模型分析提供更有力的数据支撑。

3. 调查人员产生的偏差应避免

调查人员个性特征及谈话方式可能影响受访者的态度和真实意愿表达。笔者认为，调查人员个性特征包括：具有农业生产的背景知识，能准确理解问卷问题主旨，能用恰当措辞和方式提问，能用真诚友好态度博得信任等。本研究尽量选择工作经验丰富的科研人员，但是由于调查样本较多，大家在长时间的问话中难免会产生疲劳；特别是对于一些需要耐心询问和解释的问题，在调查后期容易敷衍了事，或者自己代替农户给出相同的答案。这种现象在每次调查中都会出现，因此在今后的工作中应尽量避免。

参考文献

巴比（著），邱泽奇（译）. 2009. 社会研究方法（第十一版）[M]. 北京：华夏出版社.

保罗·萨缪尔森，威廉·诺德豪斯著. 2004. 萧探译. 经济学（第十七版）[M]. 北京：人民邮电出版社.

北京市发展与改革委员会. 2006-12-12. 北京市"十一五"时期循环经济发展规划.

北京市发展与改革委员会. 2009-03-11. 北京市循环经济试点工作实施意见.

贝尔纳·斯蒂格勒，裴程译. 2002. 技术与时间——爱比米修斯的过失 [M]. 南京：译林出版社.

彼得·罗希，马克·李普希，霍华德·弗里曼（著）. 邱泽奇，王旭辉，刘月（译）. 2007. 评估：方法与技术 [M]. 重庆：重庆大学出版社.

卞有生. 2000. 生态农业中废弃物的处理与再生利用 [M]. 北京：化学工业出版社.

财政部农业司考察团. 2003. 英意两国政府农业补贴政策 [J]. 农村财政与财务（2）：44-48.

蔡银莺，张安录. 2006. 居民参与农地保护的认知程度及支付意愿研究——以湖北省为例 [J]. 广东土地科学，5（5）：31-39.

蔡银莺，朱兰兰. 2014. 农田保护经济补偿政策的实施成效及影响因素分析——闵行区、张家港市和成都市的实证 [J]. 自然资源学报，29（8）：1310-1322.

曾小波，修凤丽，贾金荣. 2009. 陕西农户奶牛保险支付意愿的实证分析 [J]. 保险研究（8）：77-83.

陈迭云. 1983. 从经济学角度试论农业生态系统 [J]. 华南农学院学报，4（1）：51-57.

陈宏金. 2004. 农业清洁生产与农产品质量建设 [J]. 农村经济与科技（2）：11-12.

陈宏金，方勇. 2004. 农业清洁生产的内涵和技术体系. 江西农业大学学报（社会科学版），3（1）：45-46.

陈珂，陈文婷，王玉民，等. 2011. 农户参与中德合作造林项目意愿影响因素的实证分析——以辽宁省朝阳市为例 [J]. 农业经济 (5)：32-35.

陈世军. 2008. 技术评估理论与方法 [M]. 北京：中国农业出版社.

陈文化，沈健，胡桂香. 2001. 关于技术哲学研究的再思考——从美国哲学界围绕技术问题的一场争论谈起 [J]. 哲学研究 (8)：60-66.

陈志刚，黄贤金，卢艳霞，等. 2009. 农户耕地保护补偿意愿及其影响机理研究 [J]. 中国土地科学，23 (6)：20-25.

崔新蕾，蔡银莺，张安录. 2011. 农户参与保护农田生态环境意愿的影响因素实证分析 [J]. 水土保持通报，31 (5)：125-130.

丁俊丽，赵国杰，李光泉. 2002. 对技术本质认识的历史考察与新界定 [J]. 天津大学学报 (社会科学版) (1)：88-92.

董雪旺，张捷，章锦河. 2011. 旅行费用法在旅游资源价值评估中的若干问题述评 [J]. 自然资源学报，26 (11)：1 983-1 997.

杜浦，陈宝峰. 2012. 农机燃油补贴政策满意度影响因素分析——基于山西省问卷调查 [J]. 华中农业大学学报 (6)：31-35.

段乃彬，张文兰，李群，等. 2006. 种子检验技术进展 [J]. 种子科技 (5)：33-37.

洱源县统计局编. 2008. 2008 年洱源县国民经济和社会发展统计年鉴 [M]. 大理：大理统计局.

法律出版社编. 2002 中华人民共和国清洁生产促进法 [M]. 北京：法律出版社.

范业春，林秀华，李国俊，等. 2008 对现代种子企业良种繁育的几点建议 [J]. 种子世界 (9)：12.

高骐，张鹏. 2007. 用清洁生产的理念防治农业污染的初步探讨 [J]. 新疆环境保护，29 (1)：43-46.

戈峰. 2004. 现代生态学 [M]. 北京：科学出版社.

葛颜祥，梁丽娟，王蓓蓓，等. 2009. 黄河流域居民生态补偿意愿及支付水平分析——以山东省为例 [J]. 中国农村经济 (10)：77-85.

贵州省统计局，2009. 国家统计局贵州调查总队编. 贵州统计年鉴 2009 [M]. 北京：中国统计出版社.

国合会生态补偿机制课题. 2006-11-13. 中国生态补偿机制与政策研究. 取自 http://www.china.com.cn/tech/zhuanti/wyh/2008-01/11/content_ 9518546.htm.

市律协宣传部. 2001. 国家发布无公害产品八项标准. 中国禽业导刊 [J]. 2001，18 (18)：9.

国家发展改革委办公厅、财政部办公厅、农业部办公厅. 关于同意农业清洁生产示范项目验收的通知. 2016-08-23 取自 http：//www.gov.cn/xinwen/2016-08/23/ content_ 5101605.htm.

国家质量监督检验检疫总局. 2005-01-20. 有机农产品认证管理办法. 取自 http：// www.agri.gov.cn.

韩德乾. 2001. 农产品加工业的发展与新技术应用 [M]. 北京：中国农业出版社.

韩洁，顾瑞珍. 2006-09-05. 中国 6 年投资 1 万亿元夯实西部基础设施. 取自 http：//www.china.com.cn/economic/txt/2006-09/05/content_7133365.htm.

何容信，刘长海，李宝刚. 2008. 水稻种植业中的清洁生产技术 [J]. 现代农业科 技 (23)：250-253.

何忠伟，曹暕，罗永华. 2014. 我国农业补贴政策速查手册 [M]. 北京：金盾出 版社.

河北省农业厅，等. 2015-08-31. 河北省 2015—2017 年农机深松作业补贴实施指导 意见. 取自 http：//news.nongji360.com/html/2015/08/205690.shtml

胡帆，李忠斌. 2007. 外部经济应用的非对称性与区际生态补偿机制 [J]. 武汉科 技学院学报, 20 (3)：30-34.

黄涛，陈文俊. 2006. 论循环农业的技术构成 [J]. 湖北经济学院学报 (人文社会 科学版), 3 (9)：34-35.

黄小芳，邰俊，吴阿娜，等. 2009. 民族旅游地的旅游景观特征与社会公众认知研 究——以贵州省黔东南苗族侗族自治州为例 [J]. 云南地理环境研究, 21 (4)： 37-42.

技术评估词条. 2015-06-23. 取自 http：//baike.so.com/doc/8609232-8930172.html.

贾继文，陈宝成. 2006. 农业清洁生产的理论与实践研究 [J]. 环境与可持续发展 (4)：1-4.

姜永莉. 2009. 无公害蔬菜生产中农药的科学使用 [J]. 现代农业科技 (5)：130- 133.

焦必方，孙彬彬. 2009. 日本环境保全型农业的发展现状及启示 [J]. 中国人口· 资源与环境, 19 (4)：70-76.

焦扬，敖长林. 2008. CVM 方法在生态环境价值评估应用中的研究进展 [J]. 东北 农业大学学报, 39 (5)：131-136.

赖力，黄贤金，刘伟良. 2008. 生态补偿理论、方法研究进展 [J]. 生态学报, 28 (6)：2870-2877.

李伯华，刘传明，曾菊新. 2008. 基于农户视角的江汉平原农村饮水安全支付意愿 的实证分析——以石首市个案为例 [J]. 中国农村观察 (3)：20-28.

李金昌. 1999. 生态价值论 [M]. 重庆：重庆大学出版社.

李立新. 2009. 农机补贴政策环境下开展农机推广工作的对策 [J]. 农业科技与装备 (6)：109-110.

李群英. 2002. 我国现行农业补贴政策浅析 [J]. 农业经济 (5)：9-11.

李文华, 张彪, 谢高地. 2009. 中国生态系统服务研究的回顾与展望 [J]. 自然资源学报, 24 (1)：1-10.

李晓光, 苗鸿, 郑华. 2009. 生态补偿标准确定的主要方法及其应用 [J]. 生态学报, 29 (8)：4431-4440.

李效顺, 林忆南, 刘泗斐. 2013. 基于农户意愿的矿区耕地损害补偿测度研究——以庞庄、挖城、柳新煤矿开采为例 [J]. 自然资源学报, 28 (9)：1526-1537.

李应春, 翁鸣. 2006. 日本农业政策调整及其原因分析 [J]. 农业经济问题 (8)：72-75.

李雨. 2009. 美日农业立法原则及对中国的启示 [J]. 世界农业, (9)：32-35.

李正明, 吕宁. 1999. 无公害安全食品生产技术 [M]. 北京：中国轻工业出版社.

廖新俤. 2001. 动物废弃物管理与畜牧业清洁生产技术 [J]. 中国生态农业学报, 9 (1)：101-102.

临沂市农业局. 2015-08-17. 临沂市耕地地力保护、种粮大户和家庭农场补贴政策 2015 年实施方案. 取自 http：//www. feixian. gov. cn/openness/detail/content/ 55d1971a7f8b9ac60df50d05.html.

刘光栋, 吴文良, 彭光华. 2004. 华北高产农区公众对农业面源污染的环境保护意识及支付意愿调查 [J]. 农村生态环境, 20 (2)：41-45.

刘贵富, 赵英才. 2006. 产业链：内涵、特性及其表现形式 [J]. 财经理论与实践, 27 (141)：114-115.

刘洪彬, 王秋兵, 董秀茹, 等. 2013. 大城市郊区典型区域农户作物种植选择行为及其影响因素对比研究——基于沈阳市苏家屯 238 户农户的调查研究 [J]. 自然资源学报, 28 (3)：372-380.

丁俊丽, 赵国杰, 李光泉. 2002. 对技术本质认识的历史考察与新界定 [J]. 天津大学学报 (社会科学版) (1)：88-92.

刘向华, 马忠玉, 刘子刚. 2005. 我国生态服务价值评估方法的述评 [J]. 理论月刊 (7)：130-132.

刘亚萍, 李罡, 陈训, 等. 2008. 运用 WTP 值与 WTA 值对游憩资源非使用价值的货币估价——以黄果树风景区为例进行实证分析 [J]. 资源科学, 30 (3)：431-439.

刘治国，刘宣会，李国平. 2008. 意愿价值评估法在我国资源环境测度中的应用及其发展 [J]. 经济经纬 (1)：67-69.

刘尊梅. 2012. 中国农业生态补偿机制的路径选择与制度保障研究 [M]. 北京：中国农业出版.

龙明. 2010. 从价格支持到环保补贴 [J]. 农村实用技术 (5)：26-27.

卢向虎，吕新业，秦富. 2008. 农户参加农民专业合作组织意愿的实证分析——基于7省24市 (县) 农户的调研数据 [J]. 农业经济问题 (1)：26-31.

陆建定. 2005. 浙江省畜牧业清洁生产体系建设的情况调查 [J]. 浙江畜牧兽医 (3)：15-16.

罗剑朝，赵雯. 2012. 农户对村镇银行贷款意愿的影响因素实证分析——基于有序Probit模型的估计 [J]. 西部金融 (2)：18-24.

罗良国，杨世琦，张庆忠，杨正礼，黄仁. 2009. 国内外农业清洁生产实践与探索 [J]. 农业经济问题 (12)：18-21.

吕小荣，努尔夏提·朱妈西，吕小莲. 2004. 我国秸秆还田技术现状与发展前景 [J]. 现代化农业 (9)：41-42.

吕志轩. 2009. 农业清洁生产的经济学分析 [M]. 北京：科学出版社.

马会端，陈凡. 2003. "技术思考"的哲学反思——J. C. 皮特技术哲学思想评析及启示 [J]. 自然辩证法研究，19 (7)：46-50.

毛文永. 1998. 生态环境影响概论 [M]. 北京：中国环境科学出版社，

南灵，李阳，唐玉洁. 2013. 农户耕地保护行为激励因素分析 [J]. 华中农业大学学报 (社会科学版) (1)：72-76.

倪钢. 2004. 技术本质的隐喻理解及其微观解释 [J]. 科学技术与辩证法 (6)：75-78.

欧阳志云，王效科，苗鸿. 1999. 中国陆地生态系统服务功能及其生态经济价值的初步研究 [J]. 生态学报，19 (5)：607-613.

欧阳志云，王如松，等. 1996. 中国生物多样性间接价值评估初步研究. 见王如松等主编. 现代生态学热点问题研究 [M]. 北京：中国科学技术出版社.

评估词条. 2015-05-12 取自 http：//baike.so.com/doc/5390688-5627337.html.

评价词条. 2015-05-27 取自 http：//baike.so.com/doc/2613100-2759161.html.

齐玮. 2003-12-30. 必须提高我国农民组织化和农业产业化水平. 农业部信息中心. 取自 http：//www.agri.gov.cn.

秦艳红，康慕谊. 2007. 国内外生态补偿现状及其完善措施 [J]. 自然资源学报，22 (4)：557-567.

全国人民代表大会常务委员会. 2008. 中国人民共和国循环经济促进法 [M]. 北京：人民出版社.

让·伊夫·戈菲（著）. 董茂永（译）2000. 技术哲学 [M]. 北京：商务印书馆.

任大鹏, 郭海霞. 2005. 我国农业补贴的法制化研究 [J]. 农村经济（10）：7-9.

瑞安市农业局. 2015-12-25. 瑞安市 2015 年中央农业支持保护（耕地地力保护）补贴政策的实施意见. 取自 http：//xxgk. ruian. gov. cn/pportal/wwwroot/razf/zwgk/zcwj/zcwj/397353. shtml.

沈满洪, 杨天. 2004-03-02. 生态补偿机制的三大理论基石 [J]. 中国环境报.

石芝玲, 侯晓珉, 包景岭. 2004. 我国推行清洁生产的政策机制研究 [J]. 环境保护（2）：12-14.

史蓉蓉, 张秋根, 魏立安. 2001. 推行农业清洁生产、促进农业可持续发展 [J]. 南昌航空工业学院学报, 3（4）：43-45.

宋敏, 耿荣海, 史海军, 等. 2008. 生态补偿机制建立的理论分析 [J]. 理论界（5）：6-8.

宋小琴, 路战远, 于传宗. 2009. 关于加快推进玉米生产机械化的认识与思考 [J]. 内蒙古农业科技（6）：15-16.

宋秀芳. 2005-07-11. 全面贯彻十六大精神，团结全省科技工作者　为实现"两个率先"而努力奋斗——在江苏省科学技术协会第七次代表大会上的工作报告. 江苏公众科技网. 取自 http：//www. jskx. org. cn.

孙守琴, 王定勇, 陈玉成. 2004. 畜牧业清洁生产工程技术体系 [J]. 黑龙江畜牧兽医（8）：3-5.

孙新章, 周海林, 谢高地. 2007. 中国农田生态系统的服务功能及其经济价值 [J]. 中国人口·资源与环境, 17（4）：55-60.

孙亚锋. 2009. 经济学原理 [M]. 大连：东北财经大学出版社：159-160.

田苗, 严立冬, 邓远建, 袁浩. 2012. 绿色农业生态补偿居民支付意愿影响因素研究——以湖北省武汉市为例 [J]. 南方农业学报, 43（11）：1 789-1 792.

万军, 张惠远, 王金南等. 2005. 中国生态补偿政策评估与框架初探 [J]. 环境科学研, 18（2）：1-8.

汪洁, 马友华, 栾敬东, 等, Han Fengxing. 2011. 美国农业面源污染控制生态补偿机制与政策措施 [J]. 农业环境与发展, 28（4）：127-131.

王昌海, 崔丽娟, 毛旭锋, 等. 2012. 湿地保护区周边农户生态补偿意愿比较 [J]. 生态学报, 32（17）：5345-5354.

王国才. 2003. 供应链管理与农业产业链关系初探 [J]. 科学学与科学技术管理

（4）：46-48.

王国章，熊毅雯，朱剑. 2009. 浅谈财政补贴农机具的技术培训问题. 农业装备技术，35（6）：61-62.

王洪会，王彦. 2012. 农业外部性内部化的美国农业保护与支持政策 [J]. 长春理工大学学报，25（5）：64-66.

王建国，崔守富，时泽远. 2003. 绿色食品发展科技支撑体系 [J]. 农业系统科学与综合研究，19（4）：272.

王欧，宋洪远. 2005. 建立农业生态补偿机制的探讨 [J]. 农业经济问题（6）：22-28.

王月琴，田爱民，熊建军，等. 2003. 黔东南州农业可持续发展生态环境问题与对策 [J]. 耕作与栽培（4）：54-56.

韦苇，杨卫军. 2004. 农业的外部性及补偿研究 [J]. 西北大学学报（哲学社会科学版），34（1）：148-153.

吴贵平. 2003. 关于建立农业补贴机制的初步设想 [J]. 贵州财政会计（11）：19-21.

吴优丽，钟涨宝，杨薇薇. 2014. 无公害蔬菜发展中的农民认知与意愿分析 [J]. 农业现代化研究，35（4）：442-446.

伍光和，王乃昂. 胡双熙. 2008. 自然地理学 [M]. 北京：高等教育出版社.

伍江. 2005. 工业化进程中农业地位的理论演进及其评述 [J]. 新疆财经（1）：30-33.

向秋. 2010-02-14. 夏玉米种子包衣技术. 取自 http：//www.seedinfo.cn.

谢贤政，马中，李进华. 2006. 意愿调查法评估环境资源价值的思考 [J]. 安徽大学学报：哲学社会科学版，30（5）：144-148.

邢可霞，王青立. 2007. 德国农业生态补偿及其对中国农业环境保护的启示 [J]. 农业环境与发展（1）：1-3.

邢祥娟，王焕良，刘璨. 2008. 美国生态修复政策及其对我国林业重点工程的借鉴 [J]. 林业经济（7）：21-24.

熊文兰. 2003. 种植业清洁生产的内涵和技术体系 [J]. 农业环境与发展（1）：26-28.

熊艳，等. 2003. 论我国农业补贴方式的改革 [J]. 计划与市场探（11）：55-57.

徐大伟，刘春燕，常亮. 2013. 流域生态补偿意愿的 WTP 与 WTA 差异性研究：基于辽河中游地区居民的 CVM 调查 [J]. 自然资源学报，28（3）：402-408.

徐祥临. 1997. 如何理解"农业是弱质产业" [J]. 经济学文摘（12）：43.

徐晓雯. 2006. 美国绿色农业补贴及对我国农业污染治理的启示［J］. 理论探讨 (4)：69-72.

闫宇豪. 2007. 循环经济内涵探析［J］. 大庆师范学院学报, 27 (3)：50-51.

严立冬, 邓远建, 屈志光. 2011. 绿色农业生态资本积累机制与政策研究［J］. 中国农业科学, 44 (5)：1 046-1 055.

杨光梅, 闵庆文, 李文华. 2007. 我国生态补偿研究中的科学问题［J］. 生态学报, 27 (10)：4 289-4 299.

杨光梅, 李文华, 闵庆文. 2006. 生态系统服务价值评估研究进展［J］. 生态学报, 26 (1)：205-212.

杨开城, 王斌. 2007. 从技术的本质看教育技术的本质［J］. 中国电化教育 (9)：1-4.

杨开忠, 白墨, 李莹, 等. 2002 关于意愿调查价值评估法在我国环境领域应用的可行性探讨——以北京市居民支付意愿研究为例［J］. 地球科学进展, 17 (3)：420-425.

杨壬飞, 吴方卫. 2003. 农业外部效应内部化及其路径选择［J］. 农业技术经济 (1)：6-12.

杨胜勇. 2009. 发展现代林业　建设生态文明——贵州省黔东南苗族侗族自治州林业生态建设成就与展望［J］. 中国林业 (12)：7-9.

杨晓萌. 2008. 欧盟的农业生态补偿政策及其启示［J］. 农业环境与发展 (6)：17-20.

杨再鹏. 2008. 清洁生产理论与实践［M］. 北京：中国标准出版社.

姚於康. 2003. 农产品清洁生产和制约其发展的主要科技问题分析［J］. 科技与经济, 16 (4)：38-41.

尹承昌, 赵文杰, 2004-08-12. 柳玉荣. 农作物秸秆还田技术. 取自 Http：//www.sdxnw.gov.cn/.

尹显萍, 王志华. 2004. 欧洲一体化的基石——欧盟共同农业政策［J］. 世界经济研究 (7)：79-83.

尤艳馨. 2007. 构建我国生态补偿机制的国际经验借鉴［J］. 地方财政研究 (4)：62-64.

于谨凯, 杨志坤, 邵桂兰. 2011. 基于影子价格法的碳汇渔业碳补偿额度分析——以山东海水贝类养殖业为［J］. 农业经济与管理 (6)：83-90.

余瑞先. 2000. 欧盟的农业环保措施［J］. 世界农业, 259 (1)：11-13.

余晓泓. 2002. 日本环境管理中的公众参与机制［J］. 现代日本经济 (6)：11-14.

俞海，任勇．2008 中国生态补偿：概念、问题类型与政策路径选择 [J]．中国软科学 (6)：7-15．

喻锋．2012．日本环境保全型农业概况 [J]．国土资源情报 (1)：25-28．

臧旭恒，徐向艺，杨蕙馨．2007．产业经济学 [M]．北京：经济科学出版社．

张贡生．2005．循环经济与传统经济的区别及中国的选择 [J]．天津商学院学报，25 (1)：15-19．

张弘政．2005．从技术的二重性看技术异化的必然性与可控性 [J]．科学技术与辩证法 (5)：63-65．

张利国．2011．农户从事环境友好型农业生产行为研究——基于江西省 278 份农户问卷调查的实证分析 [J]．农业技术经济 (6)：114-120．

张秋根．2002．试论农业清洁生产的理论基础 [J]．环境保护，(2)：31-32．

张铁亮，周其文，郑顺安．2012．农业补贴与农业生态补偿浅析 [J]．生态经济 (12)：27-29．

张燕，庞标丹，马越．2011．我国农业生态补偿法律制度之探讨 [J]．华中农业大学学报 (社会科学版) (4)：68-72．

张翼飞，陈红敏，李瑾．2007．应用意愿价值评估法，科学制定生态补偿标准 [J]．生态经济 (9)：28-31．

张翼飞，赵敏．2007．意愿价值法评估生态服务价值的有效性与可靠性及实例设计研究 [J]．地球科学进展，22 (11)：1 141-1 149

张茵，蔡运龙．2005．条件估值法评估环境资源价值的研究进展 [J]．北京大学学报：自然科学版，41 (2)：317-328．

张振武．2008-06-04．种养结合利于构建循环农业．取自 http：//www.agri.gov.cn．

张志强，徐中民，程国栋．2003．条件价值评估法的发展与应用 [J]．地球科学进展，18 (3)：454-463．

张志强，徐中民，程国栋，等．2002．黑河流域张掖地区生态系统服务恢复的条件价值评估 [J]．生态学报，22 (6)：885-893．

章玲．2001．关于农业清洁生产的思考 [J]．中国农村经济 (2)：38-42．

赵邦宏，宗义湘，石会娟．2006．政府干预农业技术推广的行为选择 [J]．科技管理研究 (11)：21-23．

赵军，杨凯．2007．生态系统服务价值评估研究进展 [J]．生态学报，27 (1)：346-356．

赵军，杨凯，刘兰岚，等．2007．环境与生态系统服务价值的 WTA/WTP 不对称 [J]．环境科学学报，27 (5)：854-860．

中共中央、国务院. 2004. 中共中央国务院关于"三农"工作的一号文件汇编 (1982—2014)［M］. 北京：人民出版社.

中共中央、国务院. 2015-02-01. 关于加大改革创新力度加快农业现代化建设的若干意见. 取自 http：//money.163.com/15/0201/19/AHD3KP9Q00 251OB6.html.

中央、国务院. 2016-01-27. 关于落实发展新理念加快农业现代化实现全面小康目标的若干意见. 取自 http：//news.china.com/domestic/945/20160127/21322182.ht-ml.

中共中央、国务院. 2014. 中共中央国务院关于"三农"工作的一号文件汇编 (1982—2014)［M］. 北京：人民出版社.

中华人民共和国国家统计局编. 2008. 中国统计年鉴［M］. 北京：中国统计出版社.

中华人民共和国农业部令中华人民共和国国家质量监督检验检疫总局. 2009-07-08. 无公害农产品管理办法. 大兴安岭北奇神绿色产业集团. 取自 http：//www.bqsjt.com.

中欧农技中心. 2002-03-15. 欧盟共同农业财政政策与农业金融环境. 取自 http：//www.cafte.gov.cn.

钟钰. 2008-12-8. 成本快速上升背景下的我国农业补贴政策研究. 取自 http：//www.zgxcfx.com.

周龙. 2009. 农业补贴政策执行中的问题及建议. 甘肃金融 (12)：70.

周颖, 尹昌斌. 2009. 我国农业清洁生产补贴机制及激励政策研究［J］. 生态经济 (11)：149-152.

朱芬萌, 冯永忠, 杨改河. 2004. 美国退耕还林工程及其启示［J］. 世界林业研究, 17 (3)：48-51.

朱立志, 方静. 2004. 德国绿箱政策及相关农业补贴［J］. 世界农业, 297 (1)：30-32.

庄大昌. 2006. 基于 CVM 的洞庭湖湿地资源非使用价值评估［J］. 地域研究与开发, 25 (2)：105-110.

Amigues J P, Boulatoff C, Desaigues B, Gauthier C, Keith J E.2002.The benefits and costs of riparian analysis habitat preservation: a willingness to accept/willingness to pay contingent valuation approach[J].Ecological Economics, 43(1):17-31.

Amirnejad H, Kaliji S A, Aminravan M.2014.The application of the contingent valuation method to estimate the recreational value of Sari Forest[J].International Journal of Agriculture and Crop Sciences, 7(10):708-711.

Blochliger H-J.Main Results of the Study.In The Contribution of Amenities to Rural Development.Paris: OECD.1994.

Brown G.1994.Rural Amenities and the Beneficiaries Pay Principle.In The Contribution of Amenities to Rural Development.Paris: OECD.

Costanza R, d'Arge R, de and Groot R, et al.1997.The Value of the World's Ecosystem Service Natural Capital[J].Nature, 387: 253-260.

Davis R K., 1963. Recreation Planning as an Economic Problem[J]. Natural Resource Journal(3) : 239-249.

Giraud K L, Bond C A, Bond J K.2005.Consumer preferences for locally made specialty food products across Northern New England[J].Agricultural and Resource Economics Review, 34(2) : 204-216.

Hanemann W.M., 1994.Valuing the Environment Through Contingent Valuation[J].Journal of Economic Perspective, 8: 19-43.

Hanemann W.M., 1984.Welfare Evaluations in Contingent Valuation Experiments with Discrete Responses[J].American Journal of Agricultural Economic, 66(3) : 332-341.

Horton B, Colarullo G, Bateman I J, Peres C A.2003.Evaluating non-user willingness to pay for a large-scale conservation programme in Amazonia: a UK/Italian contingent valuation study[J].Environmental Conservation, 30(2) : 139-146.

Hyytiä N, Kola J.2005.Citizens'attitudes towards multifunctional agriculture//The 99th seminar of the EAAE(European Association of Agricultural Economists) , ' The Future of Rural Europe in the Global Agri-Food System' , Copenhagen: Denmark: 1-16.

L.Venkatachalam.2004.The Contingent Valuation Method: a Review[J].Environment Impact Assessment Review, 24: 89-124.

Lee C K, Han S Y. 2002. Estimating the use and preservation values of national parks' tourism resources using a contingent valuation method[J].Tourism Management, 23(5) : 531-540.

Loomis J., Kent P., Strange L., et al.2000.Measuring the Economic Value of Restoring Ecosystem Services in an Impaired River Basin: Result from a contingent Valuation Survey [J].Ecological Economics, 33: 103-117.

Loureiro M L, Umberger W J.2004.A choice experiment model for beef attributes: What consumer preferences tell us//American Agricultural Economics Association Annual Meetings[C].Denver: Colorado State University: 1-29.

Lynch L, Hardie I W, Parker D. Analyzing Agricultural Landowners'Willingness to Install Streamside Buffers.[2014-06-20] .http://purl.umn.edu/28570.

McCluskey J J, Grimsrud K M, Ouchi H, Wahl T I.2003.Consumer response to genetically modified food products in Japan[J] .Agricultural and Resource Economics Review, 32(2) : 222–231.

Mitchell R C, Carson R T.1989. Using Surveys to Value Public Goods: The Contingent Valuation Method[M] .Resources for Future, Washington D C: 85–102.

Mulgan A G.2005.Where Tradition Meets Change: Japan's Agricultural Politics in Transition [J].The Journal of Japanese Studies, 31(2) : 261–298.

National Oceanic and Atmospheric Administration.1993.Report of the NOAA Panel on Contingent Valuation[J] .Federal Register, 58(10) : 4 601–4 614.

Norton N A, Phipps T T, Fletcher J J.1994.Role of voluntary programs in agricultural nonpoint pollution policy[J] .Contemporary Economic Policy, 12(1) : 113–121.

Pagiola S, Agostin A, Platais G.2004. Can Payment for Environment Service Help Reduce Poverty? An Exploration of the Issues and the Evidence to Date from Latin America[J] . World Development, 33(2) : 237–253

Robert W. H., Robert N. S., 1991. Incentive – Based Environmental Regulation: A New Era from an Old Idea? [J] Ecology Law Quarterly: 1–42.

Rouquette J R, Posthumus H, Gowing D J G, Tucker G, Dawson Q L.2009.Valuing nature– conservation interests on agricultural floodplains [J] . Journal of Applied Ecology (46) : 289–296.

Smith V K.2000.JEEM and non–market valuation.1974—1998[J] .Journal of Environmental Management and Economics, 39: 351–374.

Stefanie E., Stefano P., Sven Wunder., 2008.Designing Payment for Environment Services in Theory and Practice: An Overview of the Issues[J] .Ecological Econonics, 3(11) : 663– 674.

Tietenberg T., 2006.Environment and Natural Resource Economics, 6th edition[M] .Addision– Wesley, Boston.

Vanslembrouck I, Van Huylenbroeck G, Verbeke W.2002.Determinants of the willingness of Belgian farmers to participate in Agri–environmental Measures[J] .Journal of Agricultural Economics, 53(3) : 489–511.

Wallander S, Hand M.2011.Measuring the impact of the Environmental Quality Incentives Program(EQIP) on irrigation efficiency and water conservation [A] . Agricultural and applied economics association. Agricultural and Applied Economics Association's 2011 AAEA & NAREA Joint Annual Meeting.Pittsburgh: AAEA: 1–4.

Wunder S., 2005.Payment for Environmental Service: Some Nuts and Bolts[C].Occasional Paper No.42.CIFOR, Bogor: 3-11.

Wunder S., Alban M., 2008.Decentralized Payments for Environmental Services: the Cases of Pimampiro and PROFAFOR in Ecuador[J].Ecological Economics, 65: 685-698.

Wunder S.2005.Payment for environmental service: some nuts and bolts[A].Center for International Forestry Research.CIFOR Occasional Paper No.42[C].Indonesia: Center for International Forestry Research: 3-11.

附　　录

附件1：贵州省黔东南自治州农户调查问卷

贵州省黔东南自治州农户采纳农业清洁生产技术的补偿意愿调查表

（2009.10）

受访者地址：_____镇（乡）_____行政村_____自然村

问卷编号：_____访问日期：_____访问时间：_____

一、农户基本情况调查

姓　名		性　别		年　龄	
民　族		文化程度		家庭人口数	
务农人数		农业纯收入（元/年）		非农收入（元/年）	
外出人数			外出时间		
	合计	水稻	玉米	小麦	油菜
播种面积					

二、测土配方施肥技术采纳意愿调查（以水稻种植为例）

1. 目前在水稻种植上，您家有没有用过配方肥？

A. 有（政府发放）　　　B. 有（自己购买）　　　C. 没有

2. 如果已用过，与不施用相比，稻谷产量有变化吗？

A. 增加　　　　　B. 无变化　　　　　C. 减少　　　　　D. 不清楚

3. 如果政府给予补贴，鼓励只施用这种配方肥和农家肥，您是否愿意？

A. 愿意　　　　　B. 不愿意

如果愿意，则继续访问；否则，跳至第7题。

4. 如果愿意，每亩至少需要补贴多少（　　　）元/亩？

	补贴金额（元/亩）	水稻专用肥	玉米专用肥	油菜专用肥
1	10 及以下			
2	11~20			
3	21~30			
4	31~40			
5	41~50			
6	51~60			
7	61~70			
8	71~80			
9	81~90			
10	91~100			
11	100 以上			

5. 您喜欢哪种补贴方式？

A. 现金（货币形式）　　　　　　　　B. 配方肥（实物形式）

6. 如果政府提供以下配套政策，您觉得是否有必要？

	配套政策	必要性		
		没有	有必要	非常有必要
1	开展教育培训和技术指导			
2	完善道路等基础设施建设			
3	进行"无公害"农产品市场建设			

7. 如果不愿意使用配方肥，您主要是出于哪些方面的考虑？

1	担心配方肥的效果不好（肥料效果）
2	担心配方肥的价格过高（肥料成本）
3	已经施用足够农家肥，基本不施化肥（肥料替代）
4	担心补贴资金落实不到位，拿不到所有的补贴（补贴机制）
5	不知道如何科学地施用配方肥（施用技术）
6	其他原因

三、秸秆还田技术的采纳意愿调查

1. 您家的秸秆是怎么利用的？

		直接还田	做饲料	垫圈	堆肥	制沼气	直接焚烧	丢弃	其他
稻谷	用　途								
	占比（%）								
玉米	用　途								
	占比（%）								

如果存在"焚烧"和"丢弃"现象，则继续访问；否则，跳至第四部分。

2. 如果政府给予补贴，鼓励将秸秆堆肥还田，您是否愿意？

	愿意	不愿意		愿意	不愿意
稻谷秸秆			其他秸秆		
玉米秸秆					

如果愿意，则继续访问；否则，跳至第7题。

3. 您认为，政府应该提供哪些方面的补贴？

A. 人工补贴　　　　　　　　　　B. 农机具补贴（秸秆粉碎机）

C. 堆肥必须设施补贴　　　　　　D. 其他

4. 您觉得，每亩至少需要补贴多少（　　　）元/亩？

	补贴金额（元/亩）	稻谷秸秆	玉米秸秆	油菜专用肥
1	21～30			
2	31～40			
3	41～50			
4	51～60			
5	61～70			
6	71～80			
7	81～90			
8	91～100			
9	100以上			

5. 您喜欢哪种补贴方式？

A. 现金（货币形式）   B. 秸秆粉碎机（实物形式）？

6. 如果政府提供以下配套政策，您觉得是否有必要？

	配套政策	必要性		
		没有	有必要	非常有必要
1	开展教育培训和技术指导			
2	完善道路等基础设施建设			
3	其他配套政策			

7. 如果不愿意秸秆堆肥，您主要是出于哪方面的考虑？

1	担心堆肥的肥料效果不好（减产问题）
2	觉得太费工，不如出去打几天工（人工成本）
3	道路不好，运输秸秆或肥料不方便（基础设施）
4	担心补贴资金落实不到位，拿不到所有的补贴（补贴机制问题）
5	其他原因

四、畜禽粪便防止流失及循环利用技术的采纳意愿调查

1. 您家养了_____头奶牛，_____头猪，_____只鸡？

2. 您家的畜禽粪便主要堆放在哪儿？

A. 圈里   B. 院子角落   C. 院外门口   D. 田边   E. 其他

3. 您家的畜禽粪便是如何利用的？

	堆肥还田	产沼气	流失	其他
用途				
比例（%）				

4. 畜禽粪便一般堆放多长时间才施到农田中？   _____月

5. 目前，您家主要采取哪些措施来防止畜禽粪便流失？

A. 没有采取任何措施   B. 建粪池

C. 遮挡塑料布

6. 如果政府给予一定的补贴，您是否愿意在合适的位置修建化粪池？

A. 愿意   B. 不愿意

如果愿意，则继续访问；否则，跳至第9题。

7. 如果愿意，您希望提供多少的补贴？（各项标准可根据实际情况修改）

100 元及以下		351~400 元	
151~200 元		401~450 元	
201~250 元		451~500 元	
251~300 元		501~550 元	
301~350 元		650 元以上	

8. 您喜欢哪种补贴方式？

A. 现金（货币形式）

B. 水泥、砖、塑料布等（实物形式）

9. 您仍然不愿意建化粪池，主要是出于哪方面的考虑？

1	家里院子太小，没地方建足够大的粪池	
2	建粪池对防止粪便流失作用不大	
3	担心补贴资金落实不到位，拿不到所有的补贴	
4	其他方面原因	

10. 您家在建沼气池的过程中政府是如何提供补助的？

A. 政府直接给现金，自己建　　　B. 政府提供建筑材料，自己建

C. 政府免费建　　　D. 其他方

11. 您最希望政府提供哪种方式的补助来修建沼气池？

A. 直接现金补贴　　　B. 沙子、水泥、砖等实物补贴

12. 您家里沼气池的产气情况如何？

A. 较多　　　B. 一般　　　C. 较少　　　D. 基本没有

13. 您家的沼气可以满足哪些基本生活用能的需要？

A. 做饭　　　B. 照明　　　C. 取暖

14. 您家里对沼液和沼渣是如何处理的？

A. 施到农田里做肥料　　　B. 掏出来丢掉

C. 其他处理

15. 您觉得沼气池在使用过程中遇到的主要问题是什么？

1	沼气池的产气量不稳定，难以满足生活用能需要
2	沼气池的使用技术不能熟练掌握，存在一定风险
3	沼气池的原料来源不充足，影响沼气的产出量和使用效果
4	沼液和沼渣难以妥善处理，对生活环境有污染
5	其他方面原因

附件2：云南省大理州洱源县农户调查问卷

云南省大理州洱源县农业面源污染防治技术采纳的补偿意愿调查
（2009.7—2009.10）

受访者地址：＿＿＿＿＿镇（乡）＿＿＿＿＿行政村＿＿＿＿＿自然村

问卷编号：＿＿＿＿＿访问日期：＿＿＿＿＿访问时间：＿＿＿＿＿

一、农户基本情况调查

姓名		性别		年龄	
民族		文化程度		家庭人口数	
务农人数		农业收入（元/年）		非农收入（元/年）	
外出人数			外出时间		
	水稻	玉米	大蒜	蚕豆	其他
种植面积					
每亩利润					
土地面积					

二、农户的环保意识调查

1. 您认为目前洱海是否存在水污染？（单选）

1	没有	
2	有	
3	不知道	

2. 如果存在水污染，您认为洱海的水污染程度如何？（单选）

1	较轻	
2	一般	
3	严重	

3. 您觉得化肥流失会对洱海水质造成影响吗？（单选）

1	不会	
2	不知道	
3	会	

4. 您觉得畜禽粪便流失会对洱海水质造成影响吗？（单选）

1	不会	
2	不知道	
3	会	

三、测土配方施肥技术的采纳意愿

1. 目前，您家有没有用配方肥（如 BP 控制肥、庄稼地专用肥等）？

A. 有　　　　　B. 没有

如果没有用，则继续访问；否则，跳至第四部分。

2. 您家没有施用配方肥，主要是因为：

1	不清楚配方肥的效果如何，担心作物产量不能提高
2	不知道该买哪种配方肥，也不清楚如何科学地施用（没掌握技术）
3	配方肥的价格过高
4	已经施用很多农家肥（牛粪），不需要再施用配方肥
5	其他

3. 如果政府给予一定的补贴，您家是否愿意施用配方肥？

A. 愿意　　　　　B. 不愿意

如果愿意，则继续访问；否则，跳至第 7 题。

4. 如果愿意，每亩至少需要给您补贴多少（　　）元/亩？

10 元及以下		51~100 元	
11~20 元		101~150 元	
21~30 元		151~200 元	
31~40 元		201~250 元	
41~50 元		250 元以上	

5. 您希望这些补贴以哪种形式给予？

A. 现金（货币形式）　　　　　　B. 配方肥（实物形式）

6. 如果政府提供以下配套政策，您觉得是否有必要？

	配套政策	必要性		
		没有	有必要	有必要
1	开展教育培训和技术指导			
2	提供给农户"傻瓜肥"补贴			
3	完善道路、水渠等基础设施			
4	加强"无公害"农产品市场建设			
5	其他配套政策			

7. 您仍然不愿意，主要是出于哪方面的考虑？

1	施用配方肥，作物产量会下降
2	已经施用很多农家肥，不需要施用配方肥
3	担心补贴资金无法落实到位，拿不到所有补贴
4	其他

四、秸秆还田技术的采纳意愿

1. 您家的秸秆是怎么利用的？

		直接还田	喂牛	垫圈	堆肥	制沼气	做柴火	直接焚烧	其他
水稻	用途								
	占比（%）								

（续表）

		直接还田	喂牛	垫圈	堆肥	制沼气	做柴火	直接焚烧	其他
玉米	用途								
	占比（%）								
大蒜	用途								
	占比（%）								
蚕豆	用途								
	占比（%）								

如果秸秆没有被全部还田，则继续访问；否则，跳至第五部分。

2. 您家没有将秸秆还田，主要是因为：

	主 要 障 碍	玉米秸秆	大蒜秸秆
1	不知道如何科学地将秸秆还田（技术）		
2	觉得太费工，不如出去打几天工（劳动力）		
3	道路不好，运输秸秆或肥料不方便（基础设施）		
4	已经施用足够农家肥，没必要再将秸秆还田		
5	秸秆不适宜还田，还田后会降低作物产量（产量）		
6	其他原因		

3. 如果政府给予一定的补贴，您是否愿意将秸秆直接还田？

	愿意	不愿意
玉米秸秆		
大蒜秸秆		

如果愿意，则继续访问；否则，跳至第7题。

4. 如果愿意，每亩至少需要给您补贴多少（元/亩）

	补贴金额（元/亩）	玉米秸秆	大蒜秸秆
1	10及以下		

（续表）

	补贴金额（元/亩）	玉米秸秆	大蒜秸秆
2	11~20		
3	21~30		
4	31~40		
5	41~50		
6	51~60		
7	61~70		
8	71~80		
9	81~90		
10	91~100		
11	100 以上		

5. 您希望这些补贴以哪种形式给予？

A. 现金（货币形式）　　　　　　　　　B. 秸秆粉碎机（实物形式）

6. 如果政府提供以下配套政策，您觉得是否有必要？

	配套政策	必要性		
		没有	有必要	非常有必要
1	教育培训			
2	技术指导			
3	基础设施建设（道路、水渠等）			
4	"无公害"农产品市场建设			
5	其他			

7. 您仍然不愿意，主要是出于哪方面的考虑？

1	将秸秆还田，会降低作物产量（成本，技术掌握有困难）
2	已经施用很多农家肥，不需要再将秸秆还田
3	担心补贴资金无法落实到位，拿不到所有补贴
4	其他

五、畜禽粪便防止流失技术的采纳意愿

1. 您家的奶牛养殖是否采用卫生圈？

　　A. 是　　　　　　　　B. 否

2. 您家的牛粪主要堆放在哪里？

　　A. 圈中　　　　　　B. 门口　　　　　　C. 田头　　　　　　D. 田中

3. 一般要堆放多长时间才施到农田中？_____月

4. 您家的牛粪是如何利用的？

	堆肥还田	产沼气	流失	其他
用途				
比例（%）				

5. 目前，您家主要采取哪些措施来防止牛粪流失？

　　A. 没有采取任何措施　　　　　　B. 建粪池

　　C. 下雨时，用塑料布盖住　　　　D. 其他措施

6. 如果政府给予一定的补贴，您是否愿意采取措施来防止牛粪便流失？

　　A. 愿意　　　　　　B. 不愿意

7. 如果愿意，至少需要给您补贴多少？

10 元及以下		51~100 元	
11~20 元		101~150 元	
21~30 元		151~200 元	
31~40 元		201~250 元	
41~50 元		250 元以上	

8. 您希望这些补贴以哪种形式给予？

　　A. 现金（货币形式）

　　B. 水泥、砖、塑料布等（实物形式）

9. 您仍然不愿意，主要是出于哪方面的考虑？

1	觉得采取这些措施也无法防止牛粪便流失
2	担心补贴资金无法落实到位，拿不到所有补贴
3	其他

10. 您认为家里至少需要养殖几头奶牛，才能提供充足牛粪施用农田？_____头

附件3：河北省徐水区农户调查问卷

河北省徐水区玉米秸秆机械化粉碎还田推广农户补偿意愿调查问卷
（2014.6）

调　查　员：_____　调查日期：_____受访者签名：

调查地点：_____乡（镇）_____村

问卷编号：_____

一、个体特征及生产情况

1. 您是否为户主_____

A. 是　　　　　　　　B. 不是

2. 您的性别_____

A. 男　　　　　B. 女

3. 您的年龄_____

A. 18 岁以下　　　　B. 18~25 岁　　　　C. 26~35 岁　　　　D. 36~45 岁

E. 46~55 岁　　　　F. 56~65 岁　　　　G. 大于 66 岁

4. 您受教育年限_____

A. 文盲（0）　　　B. 小学（6）　　　　C. 初中（9）

D. 高中（12）　　　E. 中专（9~12）　　　F. 大学（15）

5. 您每年务农时间（2013 年）_____

A. 1 个月以下　　　B. 1~3 个月　　　C. 4~6 个月

D. 7~9 个月　　　E. 10~12 个月

6. 您家总人口（常住人口）_____

A. 2 人以下　　　B. 3~4 人　　　C. 5~7 人

D. 8 人以上　　　E. 不清楚

7. 您家劳动力人数_____；非农活动人数_____

A. 1 人　　　　B. 2 人　　　　C. 3 人　　　　D. 4 人

8. 您家收入水平_____

A. 10 000 元以下　　　　　　　B. 10 001~20 000 元

C. 20 001~30 000 元　　　　　　D. 30 001~40 000 元

E. 40 001~50 000 元　　　　　　　F. 50 000~70 000 元

G. _____ （其他）

9. 您家农业纯收入_____

A. 2 000 元以下　　　　　　　　　B. 2 001~4 000 元

C. 4 001~6 000 元　　　　　　　　D. 6 001~8 000 元

E. 8 001~10 000 元　　　　　　　F. 10 000 元以上

10. 您家耕地面积_____亩

A. 2 亩以下　　　　B. 3~4　　　　　C. 5~6

D. 7~8　　　　　　E. 9~10　　　　　F. 10 亩以上

11. 您平时了解信息主要来源渠道_____

A. 电视新闻　　　B. 计算机网络　　　C. 周边村民

D. 亲戚朋友　　　E. 报纸书刊

12. 您平时种地遇到问题（买种、买药、灌水等）最有可能向谁求助呢?_____

A. 周边邻居　　　B. 亲戚朋友

C. 村里干部　　　D. 电话咨询技术员

E. 不求别人

13. 您向邻居或亲朋好友求助后是否会采纳他们的建议或意见呢?_____

A. 一定会采纳　　　B. 可能会采纳　　　C. 不一定采纳

D. 一般不采纳　　　E. 肯定不采纳

14. 您家农业机械使用及人工服务费用

项目	机械费用（元/亩）		人工（元/亩）			
	播种	耕地	收割	粉碎	运输	收割（其他）
小麦						
玉米						

15. 您家 2013 年小麦生产成本收益

	种类	每亩用量（斤/袋/瓶）	价格（元/斤、袋、瓶）
种子			

（续表）

		种 类	每亩用量（斤/袋/瓶）	价格（元/斤、袋、瓶）
化 肥	底肥			
	追肥 I			
	追肥 II			
有机肥				
除草剂、杀虫剂				
灌溉（水电费）		灌溉次数_____次水；每次_____元		

亩产量：_____斤/亩；出售_____斤；自用_____斤；价格_____元/斤

16. 您家 2013 年玉米生产成本收益

		种 类	每亩用量（斤/袋/瓶）	价格（元/斤、袋、瓶）
种 子				
化 肥	底肥			
	追肥 I			
除草剂、杀虫剂				
灌溉（水电费）		灌溉次数_____次水；每次_____元		

亩产量：_____斤/亩；出售_____斤；自用_____斤；价格_____元/斤

17. 您家玉米秸秆的主要用途比例及可估计的经济收益

项目	直接还田	做饲料	做基料	做燃料	出售	送人
利用比例（%）						
剩余比例（%）						
价格（元/斤）						

18. 您家玉米秸秆没有机械化还田的主要原因是什么？（多选）_____

A. 收割机费用高，数量少　　　　　　B. 联合收割机技术薄弱

C. 耕地面积小，不便于机收　　　　　D. 家里劳动力多，人工收

E. 秸秆还有其他的用途　　　　　　　F. 地方没有激励性还田政策

二、环保意识及政策认知

19. 您是否关注农业生态环境问题，包括：土壤、水等。_____

A. 关注　　　　　　B. 不关注

20. 您认为长期使用化肥、农药对土壤有污染吗？〔如果"有"，继续问；如果"没有"，则跳到23。〕

    A. 有   B. 没有   C. 不知道

21. 您认为目前耕地污染程度如何？_____

    A. 非常严重   B. 比较严重   C. 较轻

    D. 不严重   E. 没有污染

22. 您认为耕地污染的最主要来源有哪些？（根据污染严重程度顺序记录）_____

    A. 化肥、农药过量   B. 生活污水垃圾

    C. 畜禽粪便排放   D. 工业废物排放

    E. 地膜污染

23. 您认为秸秆还田对提高土壤肥力和小麦长势有好处吗？_____

    A. 有   B. 没有   C. 不知道

24. 您知道河北地区为鼓励农民采用机械化秸秆还田而实施补贴试点政策吗？_____

    A. 知道   B. 不知道

25. 您村里发放过秸秆还田补贴吗？_____元/亩，您对补贴是否满意呢？_____

    A. 非常满意   B. 满意   C. 一般

    D. 不满意   E. 非常不满意

26. 政府要大力推广机械化秸秆还田技术，为减轻农民负担将会给采纳秸秆机械化粉碎还田农户发放现金补贴；但是资金有限不能补贴全部费用，仍需自己支付部分成本费用，请问您是否愿意支付这部分费用呢？_____

    A. 愿意   B. 不愿意

27. 您如果愿意，请问您每亩地最多愿意支付多少钱呢？（   ）元/亩〔两列指标任选其一〕

支付意愿	农户选择	占收割费用比例	农户选择
1~19元		5%	
20~29元		10%	
30~39元		20%	
40~49元		30%	

（续表）

支付意愿	农户选择	占收割费用比例	农户选择
50~59元		40%	
60~69元		50%	
70~79元		60%	
80~89元		70%	
90~99元		80%	
100~109元		90%	
110元以上		100%	

28. 如果今年实施玉米秸秆还田补贴政策，您认为自己有多大可能性会支付这些费用呢？

1代表非常不确定（根本不会），10代表非常确定（一定会），请您任意选择1个数值。

非常不确定	1	2	3	4	5	6	7	8	9	10	非常确定

29. 政府为减轻农民负担将会给秸秆粉碎还田农户发放现金补贴，您是否愿意接受补贴呢？_____

　　A. 愿意　　　B. 不愿意

30. 您愿意接受补贴，肯定希望补贴越多越好，但是您也知道这种要求很难满足，那么请您从自己真实愿望出发希望每亩地最少获得多少补贴费用呢？（　　）元/亩 [两列指标任选其一]

受偿意愿	农户选择	占收割费用比例	农户选择
1~19元		5%	
20~29元		10%	
30~39元		20%	
40~49元		30%	
50~59元		40%	
60~69元		50%	
70~79元		60%	
80~89元		70%	

（续表）

受偿意愿	农户选择	占收割费用比例	农户选择
90~99 元		80%	
100~109 元		90%	
120 元以上		越多越好	

31. 您领取补贴后，政府会监督检查您家是否秸秆还田；违规将处以罚款，请问您是否愿意接受监督？_____

　　A. 愿意　　　　　B. 不愿意　　　　C. 无所谓

32. 如果您不愿意接受监督，请问主要原因是什么？_____

　　A. 补贴资金挪用　　　　　　　B. 处罚力度太大

　　C. 政府信用危机　　　　　　　D. 生产行为受限

　　E. 其他原因

三、外部影响因素

33. 您所在地区是否实施农机购置补贴政策？_____

　　玉米联合收割机实施补贴政策了吗？_____

　　A. 是，已经实施　　B. 否，还未出台　C. 不知道

34. 您所在乡（镇）有没有举办过有关秸秆综合利用技术方面的培训班或讲座？_____

　　A. 有　　　　　　B. 没有　　　　　C. 不知道

35. 您是否参加过有关农业生产知识或生产技术方面的培训课或技术讲座？_____

　　A. 参加　　　　　B. 没参加　　　　C. 不知道

36. 您认为国家是否应该适当提高粮食作物的市场价格以鼓励农户从事秸秆还田吗？_____

　　A. 应该　　　　　B. 不应该　　　　C. 不知道

37. 政府将结合推广工作实行更多的优惠政策，请您按照下面这些政策的必要性进行排序。

序号	等级	A	B	C	D	E
	项目	非常有必要	有必要	第三	第四	第五
1	增加机械补贴费用	1	2	3	4	5
2	修建农村田间道路	1	2	3	4	5

（续表）

序号	等级	A	B	C	D	E
	项目	非常有必要	有必要	第三	第四	第五
3	实行政策信息公开	1	2	3	4	5
4	加强农民教育培训	1	2	3	4	5
5	加大秸秆焚烧处罚	1	2	3	4	5

后　记

　　本书是笔者主持的中央级公益性科研院所基本科研业务费专项资金项目的研究成果，分别为"秸秆还田技术的生态效应评估与行为机制研究（720-32）"、农户清洁技术采纳的影响因素及受偿意愿研究（2014-11）"、"农业清洁生产技术应用的补偿机制研究（2009-33）"，并且得到了研究所科技创新工程系列专著项目的大力支持。

　　经过多年的酝酿、积累和完善，经过不断地尝试、改进和凝练，目前呈献给广大读者的这部著作，力求思路清晰、结构完整、理论扎实、实证丰富、政策有力。希望本书可以为同行深入挖掘技术评估理论与方法抛砖引玉，为地方各级政府和科技推广部门制定清洁生产技术补偿政策提供参考和借鉴。

　　值此著作出版之际，向多年来一直关心、帮助、支持和鼓励我的所有领导、师长、同事和朋友们表示最衷心的感谢和最诚挚的敬意！

　　感谢所领导多年来对本人科研工作的大力支持，我曾经先后5次获得中央级公益性科研院所基本科研业务费专项资金的资助，在所长基金项目的资助下，研究工作不断深入和拓展，研究成果不断丰富和完善，非常感谢所领导的关怀。同时感谢杨鹏副所长、苏胜娣处长、张继宗处长、王丽霞老师及姜昊博士多年来在科研工作方方面面的关照和支持，不断鼓励着我向新的目标前进。

　　感谢我的博士导师周清波研究员，感谢导师引领我在科研的道路上逐渐成长磨砺，从导师身上我深刻领悟到了要追求积极乐观、努力进取、欢笑与泪水、成功与失败共存的人生，也更加坚定了自己对科研道路的选择。

　　感谢碳氮循环与面源污染团队首席科学家刘宏斌研究员，王立刚研究员，甘寿文老师、李虎博士、翟丽梅博士、王洪媛博士、武淑霞博士、王虹扬博士等同事的大力支持和帮助。多年来，我能够全力以赴地投入到科研工作中与团队成员的大力支持密不可分。感谢农业布局与区域发展团队的姜文来研究员和周旭英研究员，两位老师在学术上给予我很大帮助，并经常交流

181

思想和体会，使我能向他们那样始终以积极乐观的心态面对生活和工作的挑战。

感谢父母亲最初的启蒙和教育，最无私的关爱和包容。人生路上无论我走到哪一个驿站，都会感受到父母亲的温暖和鼓励。我会承载着他们的期望，不断努力前行，为着更远的目标奋斗。

感谢我的丈夫蔡江辉先生一直默默无闻地支持着我，尽管经常出差不能照顾家里，但是他永远是我生活中最坚强的后盾。感谢我的可爱的儿子蔡宇庭，记得我开始从事科研工作时，他还没有上学，如今已经面临着高考。这么多年来，儿子懂事听话、认真学习，没有埋怨过我经常出差，没能抽出更多的时间陪他！家人的理解与支持是我前进路上最大的动力！

再次感谢从事科研工作以来及读书期间所有关心、帮助过我的领导、老师、同事和朋友们！

由于本人资质和水平有限，疏漏和不当之处在所难免，书中涉及的案例研究随着时间的变迁，各种发展和变化不可预测。因此，恳请广大读者不吝赐教，以期共同提高和完善。

周　颖

2016 年 11 月于北京

贵州省黔东南自治州调查区域农业生产情况

宣威镇翁保存耕地收获后种植烤烟

田边堆放准备处置的玉米秸秆

玉米芯进行加工处理

翁保村当地农民生活场景

云南省大理白族自治州洱源县农户问卷调查

洱源县邓川镇进行入户调查

洱源县邓川镇开展农户访谈

洱源县上官镇了解农户生活情况

农户院内的奶牛棚和牛粪沤池

河北省保定市徐水区农户问卷调查

高林村镇田村铺村农户调查

遂城镇北村农户调查

高林村镇六里铺村农户调查

高林村镇六里铺村大队部农户调查

崔庄镇东崔庄村农户调查

2014 年 7 月调查组全体成员合影